Drawing
Teaching
Class

工业产品设计表现技法教程

刘涛 著

天津大学出版社
TIANJIN UNIVERSITY PRESS

刘涛　著
副主编：王冠
编　委：刘鎏、廉毅、毛裕泽、杨东旭、
任博然、高洪昕、张英

图书在版编目（CIP）数据

工业产品设计表现技法教程 / 刘涛著. —天津：天津大学出版社, 2014.12
ISBN 978-7-5618-5227-9

Ⅰ.①工… Ⅱ.①刘… Ⅲ.①工业产品-产品设计-高等学校-教材 Ⅳ.①TB472

中国版本图书馆CIP数据核字（2014）第295821号

出版发行：天津大学出版社
出版人：杨欢
地址：天津市卫津路92号天津大学内
电话：发行部 022-27403647　编辑部 022-27890557
网址：www.tjupress.com.cn
邮编：300072
印刷：廊坊市海涛印刷有限公司

经销：全国各地新华书店
开本：210㎜×285㎜
印张：7
字数：200千字
版次：2015年1月第1版
印次：2021年5月第5次
定价：60.00元

前言

本书以介绍工业设计产品表现技法的基本原则为目的，让学生全面地把握工业设计产品的基本理论与表现方法，培养学生们的设计意识，启发创造思维，将工业产品设计与表现技法有机地结合起来，以图文并茂的形式介绍工业设计产品表现的原理与设计方法，提高学生的创新能力和想象能力。

工业设计产品表现是探讨工业产品造型设计的必然过程，是专业院校教学体系中一个承上启下的重要环节，强调设计的艺术性和生产性的相互统一。工业设计产品表现技法应充分考虑产品的功能、结构、材料、加工等诸多因素，使工业产品设计尽可能满足当今社会对实用、美观、经济的产品需求，提高人们的物质需求和精神享受。同时，通过对工业设计产品表现的了解，使学生掌握产品表现和造型设计之间的相互关系，启发设计思维，培养设计表达意识，能够以视觉化的语言阐述其设计内容。这样，一来可以说明设计表现在产品设计中的角色，二来可以让学生了解学习设计表达的技法和目的。本人以图文理论与实际兼顾的原则编写此书，以期能起到抛砖引玉的效果。

本书可供高等院校工业设计专业及艺术设计类专业教学使用，也可供从事工业设计的工作人员参考，或作为工程、经济和管理学相关专业的选修课教材。

全书在工业产品设计表现的基础上分为六章，分别为第一章：工业设计表现的概念，第二章：设计效果图的表现原则，第三章：手绘表现的造型基础训练，第四章：产品表现图的质感表现，第 五章：工业设计表现技法的种类，第六章：工业产品设计表现技法实例赏析。由于篇幅所限，疏漏之处在所难免，期望与设计界同人切磋交流，惠予教正。

东北大学工业设计系　刘涛
2014年10月于沈阳

目录

第一章 工业设计表达的概念

学习目标

1. 从产品设计的理论上了解表现图的作用，启发学生的空间想象力和创新意识。
2. 加强对产品的形态、结构、色彩、材料、质感等因素的分析和理解。
3. 提高学生运用各种手绘工具和材料进行表现的能力。
4. 强化对不同材料质感的表现能力。

学习重点

1. 提高设计专业学生的审美能力和表现能力，强化对于产品本身设计美感的把握。
2. 加强对设计规律、表达目的的深刻理解。

一、工业设计概述

（一）工业设计的定义

对于工业设计师而言，这是一个既熟悉又陌生的问题，因为工业设计是一门新兴的、交叉的、综合性的学科，是科学与美学、技术与艺术、经济与人文等多学科知识相互联系的完整体系。“工业设计”一词是工业化发展的产物，随着世界工业的突飞猛进，社会、经济、科学技术都在不断变化，它们的内容也在不断地更新、充实，其领域也在不断发展壮大。但由于各国各地区的工业发展不尽相同，加之各民族文化的差异、思维方式的不同，也使得对工业设计的理解不尽相同。以下介绍几个有代表性的、典型的工业设计的定义。

1. 国际工业设计社团协会（ICSID）的定义

20世纪80年代，在法国巴黎年会上，国际工业设计社团协会对工业设计的定义进行了较为准确的阐述：就批量生产的产品而言，凭借训练、技术知识、经验及视觉感受，而赋予产品的材料、结构、形态、色彩、表面加工及装饰以新的品质和特征，并解决宣传展示、市场开发等方面的问题，叫作工业设计。

2. 美国工业设计师协会（IDSA）的定义

美国工业设计师协会认为：工业设计是在保护公众的安全与利益、尊重现实环境和遵守职业道德的前提下进行的一项专业服务性工作，为了使用者和生产者双方的利益，而对产品和产品系列的外观、功能和使用价值进行优化。这种设计工作是经常要在与其他成员协作下进行的，包括经营管理、销售、技术工程、制造等专业机构。同时工业设计应特别注重人的特征、需求和兴趣，而这些又需要对视觉、触觉、安全和使用标准等有详细的了解。

工业设计包括提出问题和解决问题的设计过程，它是为了满足当今社会的人们某种物质上和精神上的需求而进行的。这种活动是在特定的时间、特定的社会环境中进行的，因此它必然会受到生存环境内各种力量的冲击、受到各种有形的和无形的影响。工业设计集中表现在人们对新生活方式的需求上，即设计是为了给特定的功能寻求最佳形式，探求产品对于人们的适应形式，这个形式又受到功能条件的约束。那么形式与功能相互作用的辩证关系就是工业设计。

（二）工业设计在企业中的地位和作用

在物质产品日益丰富的今天，要想使一件产品脱颖而出的关键在于产品与用户的使用目的和个性相适应以及产品所具有的视觉传达质量、产品销售环境和产品的厂家形象，这一切都是设计创造的。

工业设计并不是只有一些大公司、大企业才能承担的奢侈品，恰恰相反，它是许多中小企业成功的依靠。中小企业由于在生

图1-1 钢笔手绘汽车草图

产和经营上的灵活性，更需要设计上的指导，同时设计也是它们与大企业竞争的手段。在不同的工业领域，设计与企业的关系也有所不同。总的来说，设计对于企业的重要性体现在如下几个方面。

（1）设计是企业与市场的桥梁。

（2）设计是使产品增值的手段。

（3）设计是企业的一项重要资源。

（4）设计是建立完整的企业视觉形象的有效手段。

二、产品设计表达

（一）产品设计表现技法与设计表现图

产品设计表现技法是产品展示的语言，也是设计师传达设计创意必需的技能和表现语言，是

图1-2 马克笔表现车内效果图

工业设计全过程中的一个重要环节。在产品设计的过程中，为了达到约定的设计目标而运用各种媒介、技法和手段，以二维或三维的形式对设计构想进行形象、逼真的视觉化说明，从而使设计信息得以有效地传达，而绘制工业设计表现图是产品设计的开始，通过设计表现图将设计者的创造性思维活动视觉化，从而为设计师之间的交流提供一个平台，也为产品的进一步研发提供相应的依据。那么什么是设计表现图呢？图1-1、图1-2所示即是手绘表现和表现技法效果图的例子。

通过以上的设计表现图我们可以得知：设计表现图是一种能够使我们准确看到设计方案并通过具体的图像和图形来反映设计思维和设计理念的视觉传达方式，它是对设计对象的一种综合表达，是设计方案实施的预想图，是设计过程中必不可少的组成部分。

设计的过程是创意思维的过程，也是形态创作的过程，这个过程从最初的创意到完成， 都必须借助于特定的图形手段把想象加以视觉化，这种手段就是产品设计的表现图。因此设计师应具备一定的设计能力和设计表现力来展示设计过程，既有传达的功能，又有艺术的效果。现代设计师还需要在创造过程中与使用者及时沟通信息，清楚表达自己的想法，所依靠的就是这种图形语言——表现图（如图1-3、图1-4）。

设计表现能力是建立在广泛的设计修养和扎实的造型基础上的一种综合能力，必须具备良好的绘画基础、一定的空间想象力及准确的表现方法，把浮现在头脑中的三维形象真实地表现出来，只有这样才能充分地表现产品的色、形、质。设计师在构想时必须经过化抽象概念为具象塑造的过程 ，经过这一过程才能把头脑中所想到的形象、色彩、质感和感觉转化为具体的形态。

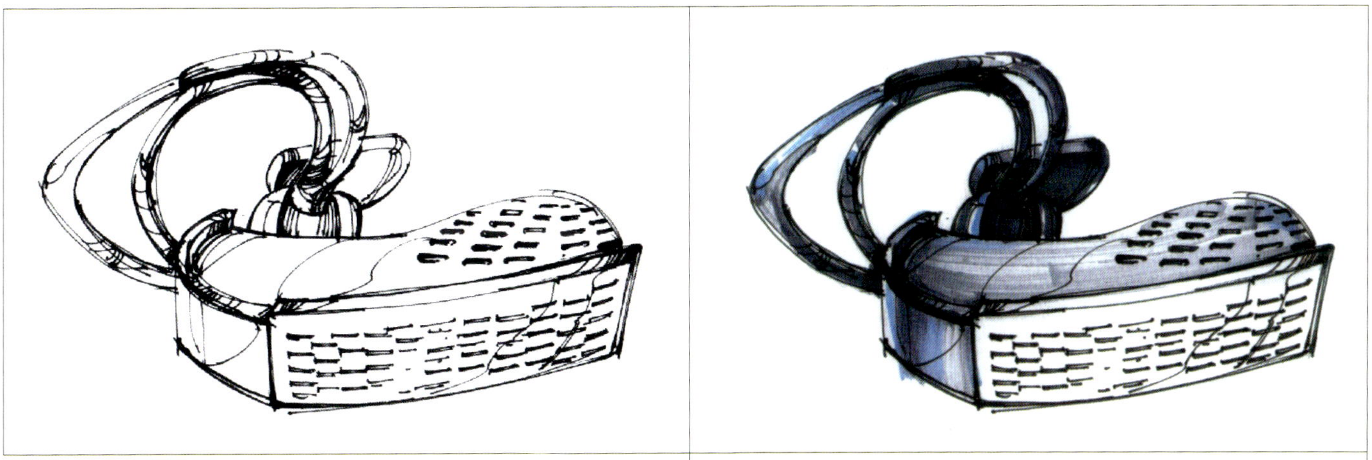

另外，表现技法的学习和运用必须建立在对设计规律、表达目的的深刻理解的基础上，如果一味追求画面效果、流于表面技巧、脱离设计规律和表达目的，将失去学习工业设计表现技法的本质意义。

（二）创意表现是设计中的重要方法与步骤

产品开发过程是一个从无到有、从想象到现实的过程，这一开发过程最终要有一个看得见、摸得着的形象展现在人们面前。设计师用快速而准确的表现方法将头脑中一闪而过的设计构思清晰地表达在纸上，展示给有关设计者、决策者、生产者和销售者等各类专业人员，以此为基础进行沟通，以期早日实现设计构想。因此，加强对设计表现图的理解和表现技法的掌握不仅有利于有效交流，同时还可以进行高效快速的语义传达，从而达到事半功倍的效果。

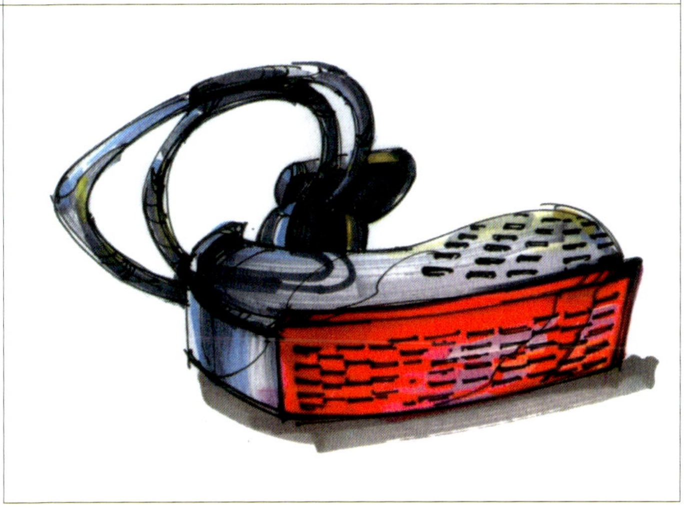

图1-3 音箱效果图表现步骤

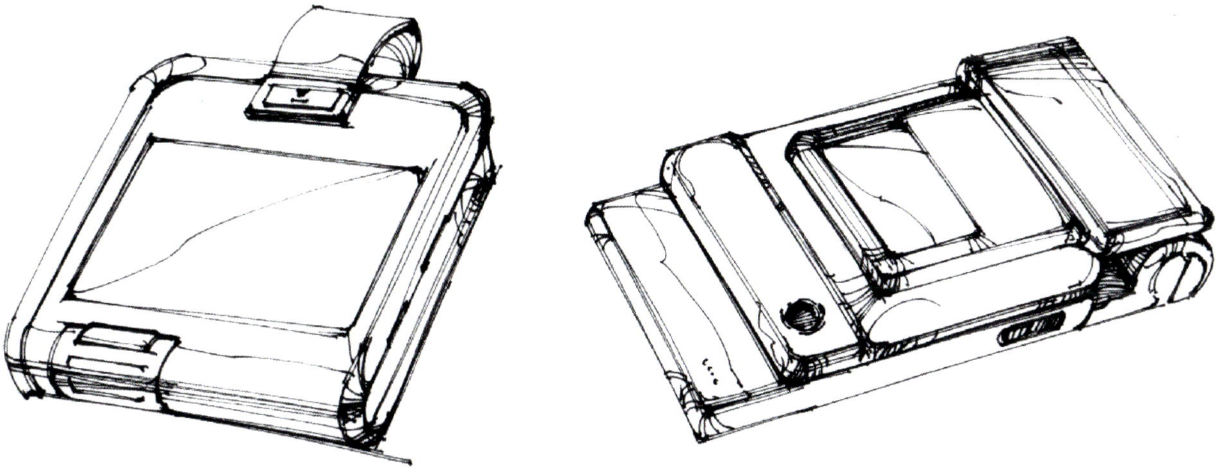

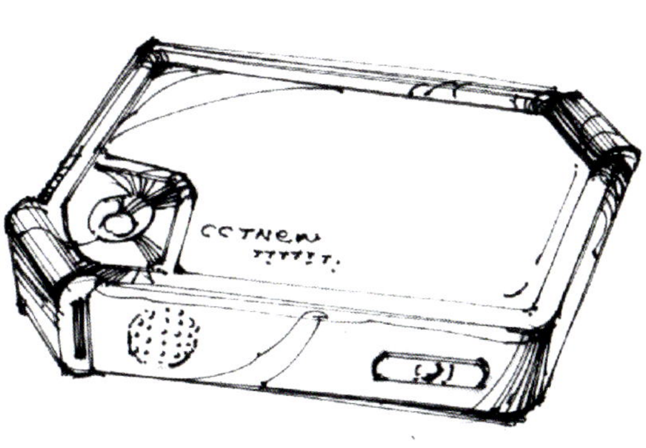

图1-4 随身听设计图

作为一个优秀的工业设计师，除了具备以上能力之外，还要了解工业设计的程序和方法，将自己的设计过程纳入一个严谨、科学的系统之中，才能在现代社会大潮中立于不败之地（见图1-5）。

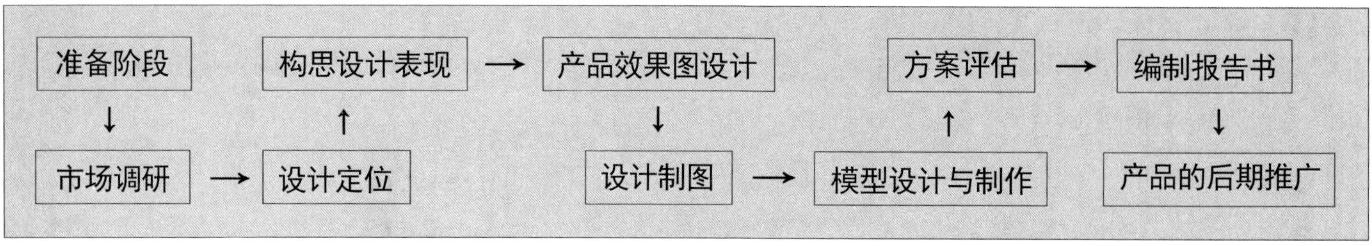

图1-5 工业设计的程序

（三）设计表现技法的教学目的和意义

首先要从产品设计的理论上了解表现图的作用，通过表现技法在设计过程中的应用，加强对产品的形态、结构、色彩、材料、质感等因素的分析理解，使同学们能运用各种绘写工具进行表现图的绘制。要着重训练同学们对产品形态的塑造能力，通过不同的视觉感受来分析产品的结构变化，强化对不同材料质感的表现能力。再有就是表现图画面本身的构图审美，也应该作为表现图课程的一项重要内容来训练，从而为专业设计打下良好的基础。

此课程的目的是提高设计专业同学的审美能力和表现能力，这包括两方面的内容：一是对于产品本身设计美感的把握，效果图训练的目的在于充分表达产品设计的预想效果，这是设计师表达思想的最为有效的手段；另一方面，从社会实际需求和专业特点来看，现代产品设计要满足消费者的审美需求，设计表现图在这样的交流中起到了很好的媒介作用。

本章小结

在设计表现图的过程中可以反映出产品的设计美感，包括造型美、色彩美和材质美等几个方面，从而在设计过程中可以多角度、直观地分析对象，准确地表现出产品的特征，传达出设计师的心理感受。表现图的训练可以提高学生对美的敏锐的感觉能力，体现出效果图本身所具有的个性化特征，因此要求学生用自己的感受去解读，用不同的风格和技法完美地反映出设计的创意价值。

思考题与习题

1. 如何理解设计表现图是设计过程中必不可少的组成部分。
2. 从表现图的角度分析设计对象，发现并解决问题，准确地表现出产品的特征。

第二章 设计效果图的表现原则

学习目标

1.体会设计效果图本身所具有的个性化特征。

2.用不同的风格和技法完美地反映出设计创意。

3.通过训练提高学生对美的感受能力。

学习重点

1.通过对产品的造型、结构、色彩、质感的表现和刻画，反映工业产品的真实效果。

2.了解产品的各种特性和在一定环境下产生的质感特征。

3.掌握塑造产品的色、形、质的表现规律。

一、设计效果图的表现原则

工业设计表现图要真实地反映客观形态，要比其他图纸更具有说明性，这种说明性必须符合客观现实，不能片面追求画面效果，脱离真实的比例尺度关系，从而改变产品的大小、比例、造型及光影、色彩等诸多要求。科学性是表现图的设计原则，必须以科学的态度对待设计上的每个环节。科学性的原则要求设计程序规范准确，以科学的观念来认识和表现产品的真实效果，如透视与阴影的关系是科学的，光与色的变化规律是科学的，所以用科学的态度对待设计表现图是优秀设计的重要条件。同时表现图又具有很强的艺术性，艺术性的本质是根据所表现对象的内容进行创造性的理解与表现，运用形式美原则来处理造型，在此基础上分析产品的空间关系，处理好构成产品各元素之间的空间关系。此外，更重要的是要去感受，效果图的训练应该提高我们对美的感觉能力，体现出效果图本身所具有的个性化特征，用自己的感受去解读，用不同的风格和技法完美地反映出设计的创意价值。

（一）设计效果图的真实原则

效果图的意义在于交流设计思想和传达正确的信息，通过对产品的造型、结构、色彩、质感的表现和刻画，反映产品的真实效果，让人们了解产品的各种特性和在一定环境下产生的效果，且各层次的人群都能看懂并理解。设计师面对抽象的概念和构想时必须经过具体过程，化抽象概念为具象塑造，经过这一过程才能把头脑中所酝酿的形象、色彩、质感和感觉化为具体的事物。另外，表现技法的学习和运用必须建立在对设计规律、表达目的深刻理解的基础上，一味追求画面效果、流于表面技巧、脱离设计规律和方案表达目的的表现效果，将失去效果图技法的本质意义（如图2-1）。

图2-1 轿车表现效果图

图2-2 越野车表现图

1. 形态

从内容来看，形态包含两层含义：“形”通常是指客观物象的外在形式或形状，任何物体都是由一些基本形构成的，如圆形、方形或三角形等；“态”则是指蕴含在客观物象“形”之中的“精神势态”。就特定的客观产品而言，产品形态作为传递产品信息的第一要素，能体现产品内在的组织、结构、内涵等本质因素。产品是通过形态表达产品的设计理念、传达产品的信息并满足人的视觉评价、使用需求的（见图2-2）。

形态是产品外观的基础，是产品设计表达中最重要的审美性媒介符号，是产品功能的表现形式。产品的形态是由点、线、面结合所产生的综合视觉效果，当这些元素巧妙地组合在产品上时，产品形态就呈现出丰富多彩的效果。这一特性决定了产品的形态塑造与一般造型艺术的表现语言有着很大的不同。在一般的造型艺术表现中，表现手段、画面效果、个人艺术风格是第一位的；但在工业设计效果图的表达中，产品形态本身的合理性以及准确性、清晰性则是首要的。因此，对于设计师而言，表现风格、表现形式的选择必须为了有利于产品形态本身的展示而存在，否则一切表现都将失去存在的理由。这就要求设计师在效果图的绘制过程中对产品形态的把握要准确，如实地表达产品的构思，传达产品的真实语义。

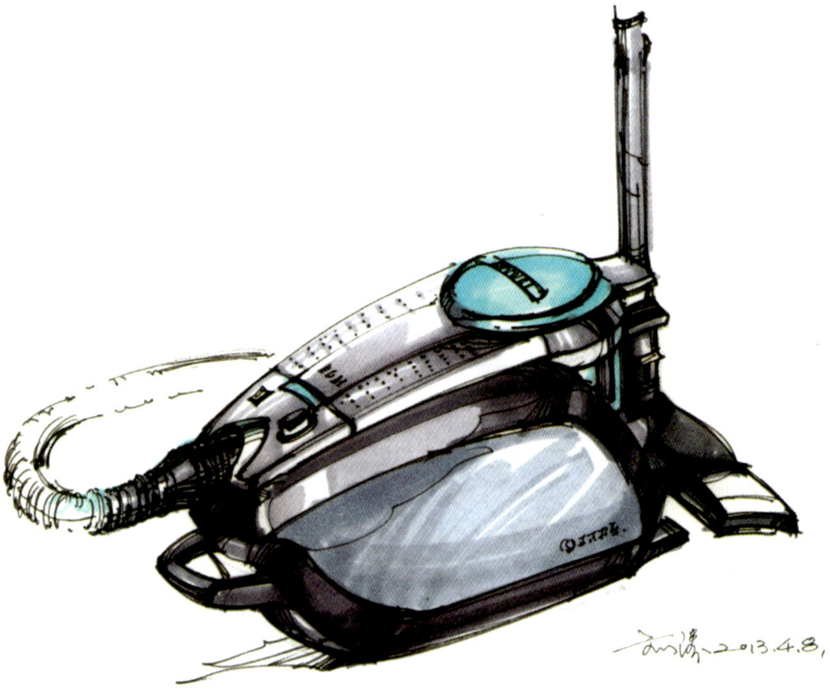

图2-3 电话机色彩表现图

2.色彩

色彩是工业产品设计的一个重要构成要素，不仅在融入产品形态、结构的过程中起着协同作用，而且是产品中一个富于象征意义的元素，在视觉艺术中具有十分重要的美学价值以及传递信息的功能。色彩不仅能引起人们在大小、轻重、冷暖、胀缩、进退等心理上和物理上的感觉，不同的色彩还能唤起人们各种不同的情感联想以及在此基础上产生的情感变化，使颜色这一符号具有感情价值并传递出丰富的文化内涵。通过色彩这一具有“符号”特性的元素，产品传达了它的功能用途，使用户能够通过颜色就认出这个产品，产生用它来干什么、它具有什么功能的联想。

色彩还具有“表情”，能够向我们表达一定的感情意味，传达出引发人们情感反应的信息。在效果图的绘制过程中将产品色彩真实地表现出来，给人以直观的视觉体验，有利于人们更准确地感受产品的真实效果，有利于在产品的设计开发过程中做出正确的选择（如图2-3、图2-4）。

图2-4 摩托车色彩表现步骤图

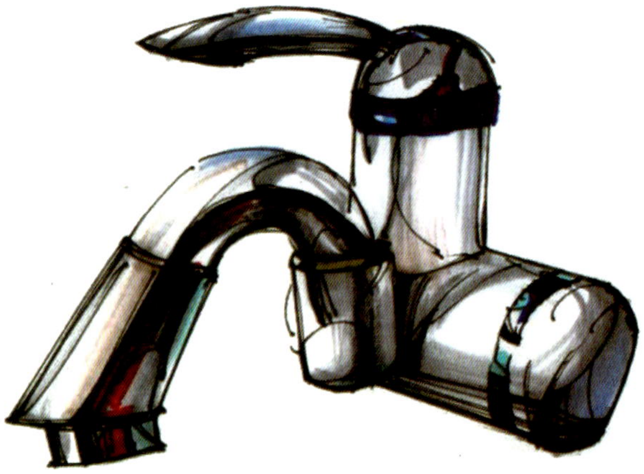

3.材质

《考工记》中有记载："天有时，地有气，材有美，工有巧。合此四者，然后可以为良"。在这里，"材美"是指人们根据自身的需要有目的地对材料、质地、品性进行选择。材料对于造物而言具有非常重要的作用，对材料的选择首先要依据各种材质的物理属性，不同的材料会给人们带来不同的感受。材料原本并没有情感，它的情感来自人们对这一材质产生的感受，即质感。材质是材料自身的结构和组织，质感是人们对于材料特性的感知，包括肌理、纹路、色彩、光泽度、透明度、发光度、反光率以及它们所具有的表现力。不同的质感带给人们不同的感知，这种感知有时还会引起一定的联想，材料的质感和肌理的特性也会直接影响到产品的最终效果（如图2-5、图2-6）。

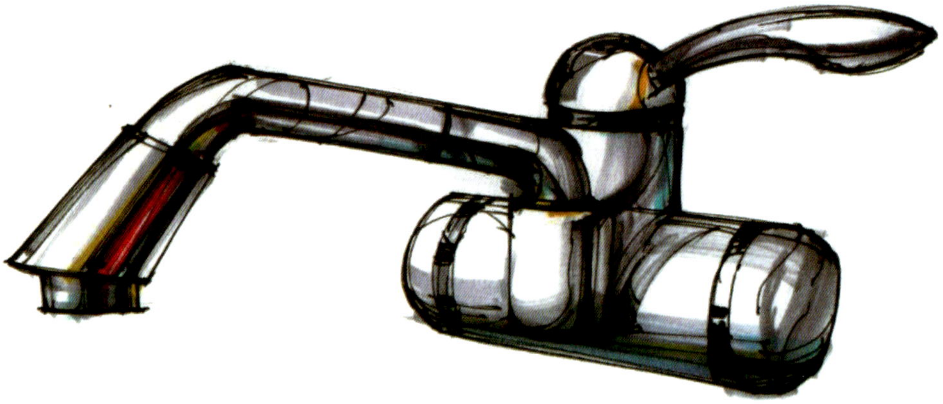

图2-5 金属材质表现效果图

另外，不同材质的产品还可以提示使用者不同的功能，其肌理的表达还能够起到暗示使用方式或警示的作用。材料是产品设计的物质基础，是构成产品功能美和形式美的要素之一。设计师通过掌握材料的不同特性，合理地运用材料的不同特性，可以给人带来不同的心理感受和审美感受。因此，在绘制表现图的过程中，通过马克笔、色粉等工具的综合运用，将所构想的产品材质表达出来，能够给人更直观的视觉体验。

所有的产品都必须凭借具有一定质量、占有一定空间的材料，才可能成为具有一定结构的物质实体，功能的实现和形态的确立都需要构成产品的材料。材料有两大属性，分别是质地和肌理。材料的质地一般表现为光感效果、触觉效果和视觉效果，不同材料的组成会给人带来冷暖、贵贱、轻重的不同感觉。肌理则是指材料的表面结构、形态和纹理所传递的审美体验。肌理效果的构成分为两种情况：一种是材料的表面使人产生或粗糙或光滑的感觉；另一种则是材料表面的纹理不同、色彩不一或疏密有别所产生的视觉效果。

材质是产品的材料在效果图中所表现出来的一种形式，在产品设计表达中具有重要作用。在现代工业产品的设计中，要运用各种材料的触觉质感，通过将不同肌理、质地的材料组合，既丰富了产品造型语言，同时也给了用户更多新的感受。在表现图中对材质的刻画是设计的重要环节，它不仅是因为材料从不同侧面反映了产品的特性，还因为不同的产品材质能给人带来不同的感受。在设计表达的过程中，真实的材质表现更能给人对产品的直观感受。

图2-6 皮革材质表现效果图

4. 功能

产品的功能是指产品目的性、规律性的功用和效能，设计表达的过程即把产品展现给观者的过程。在这个过程中展示的不仅是产品的形态、色彩、材质，更重要的是通过展现以上元素表达出产品的功能以及它的使用场景、使用方式、针对人群等。沙利文的“形式追随功能”虽然有其局限性，但产品的功能始终是产品存在的根本，没有功能的产品没有存在的意义。设计表达可通过对产品功能的描述从视觉感官上给人以想象的空间，这是决定产品是否值得继续进行开发设计的重要因素。

效果图是设计师对其设计进行视觉化的载体，借此来演示或评估其设计构思。效果图最重要的意义在于传达正确的信息、展现真实的特性，能够客观地表达出设计的具体创意、忠实地表现出设计的完整造型。通过形态、色彩、材质的表现和细节处理达到产品的真实效果，让人们正确了解产品的功能特性。效果图的传真特性，是设计师与观者在视觉感受上建立起的交流媒介，它呈现的是一种可视化的、可能的、从细节进行定义的直观设计。在设计表达过程中真实地、准确地表达产品的设计构思是设计表达成功的关键性因素。

（二）设计效果图的效率原则

当今是科技文化高速发展的时代，市场竞争的日益激烈与消费需求的日益增长使得现代产品更新越来越快，产品的使用周期和产品的开发周期越来越短。在这样的背景下，为了缩短产品开发的周期，提高工作效率，要求设计师必须能够快速表达自己的设计创意，阐述自己的设计理念。快速表现效果图是与客户沟通的物质载体，其表现形式成为商业竞争的重要手段。

1. 效果图快速表达的必要性

设计师在设计的初级阶段会产生各种不同的设计想法，大脑的短时记忆力在这时起到了非常重要的作用，这些时有时无、漂浮不定的设计创意通常是稍纵即逝的。为了使这些设计创意具体化，让其得到更深入的设计，就要求设计师在短时间内迅速捕捉这些飘忽不定的设计创意，并快速记录下来。记录的形式是多种多样的，可以用文字、图画或者两者相结合的方式。效果图正是将设计创意以图形的方式表达出来，配以文字说明，故其具备了文字和图形的双重表达效果。对工业设计这样一个以外观设计作为物质载体的设计行业而言，效果图以最直观的方式表现设计创意。随着科技的不断发展和电脑技术的不断更新，电脑绘制的三维立体效果图作为设计创意的一种表达方式，其特点是具有可视性、直观性，但是这种建模效果是建立在手绘效果图表达的基础上的，其在快速记录与随时修改方面与手绘无法相比（如图2-7、图2-8）。

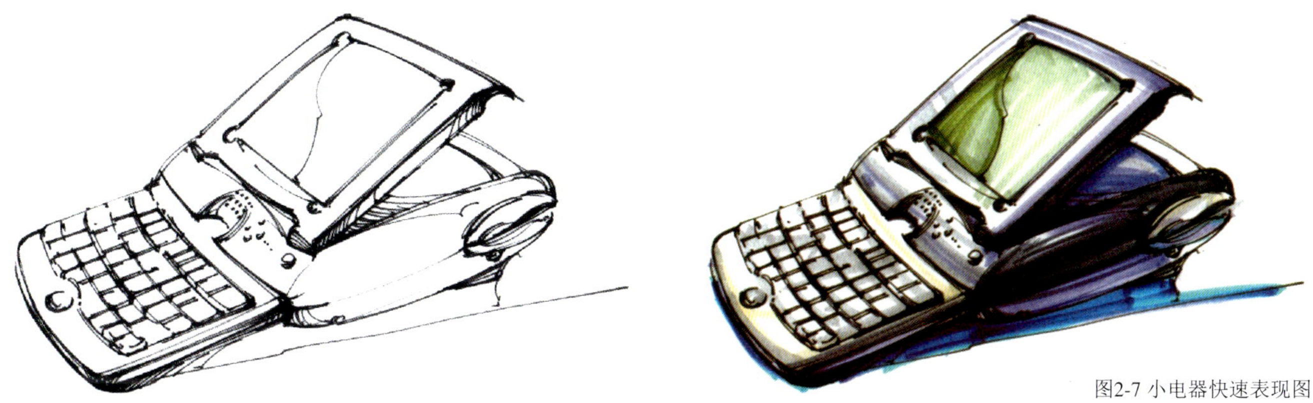

图2-7 小电器快速表现图

图2-8 小电器快速表现图

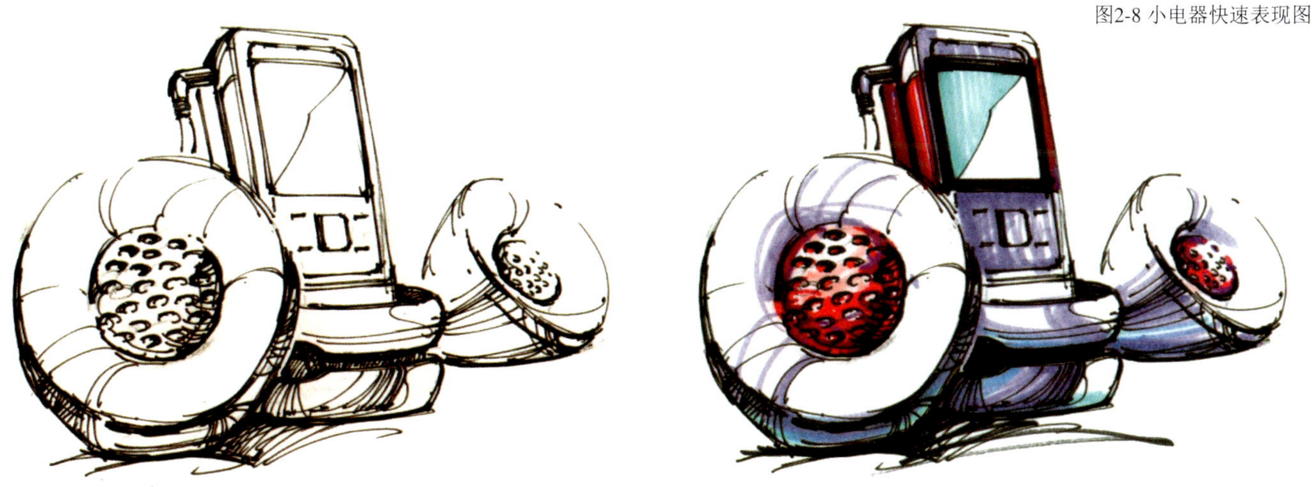

2. 理解的快速性

"理解"是大脑的一种思维活动，一般用于抽象事物，是对抽象事物的理性认识；作为动词，则是逐步认识事物的联系、关系直至认识其本质、规律。理解包括直接理解和间接理解，设计中的理解指设计师和受众之间的一种认识程度以及逻辑关系的思维活动。理解的准确性决定着整个设计过程的实现性和有效性，所以理解成了设计沟通的第一步（如图2-9、图2-10）。

设计师的职责是满足大多数人的需要，理解是设计沟通的第一步。在这一过程中，设计师要准确快速地理解设计内容、设计方向、设计目的以及设计要达到的效果，这种理解是建立在信息传达的准确性的基础上的。在信息传达的过程中，设计师是信息的接受者，受众是信息的发送者，信息的解码过程也是一个理解的过程，这个理解是建立在共同的认知体验和社会文化的基础上的。在设计的过程中，这是设计创意的前期铺垫阶段，是整个设计阶段的重要环节，不仅能激发设计师的设计灵感，而且对设计师的设计创意有一定的指导作用。

图2-9 交通工具快速表现图

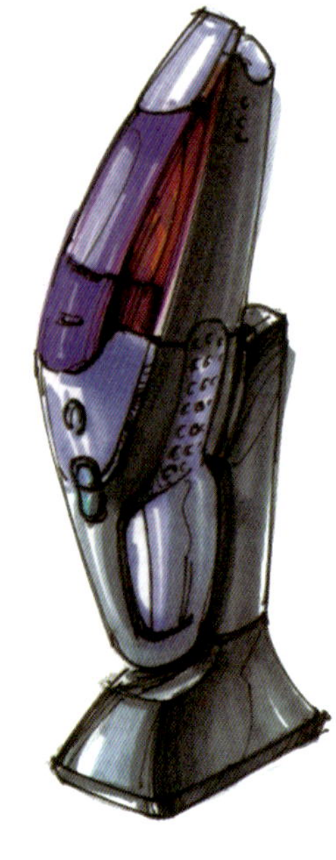

图2-10 小电器快速表现图

3. 捕捉设计创意的快速性

在理解了设计内容、设计目的后，设计师的脑中会闪出各种不同的灵感，这些没有成型的设计创意漂浮不定，设计师要通过去粗取精、增删、提炼等方式进行筛选，并以草图的方式表现出来。在这样一个信息输出的过程中，由于大脑记忆的短时性，决定了形象思维信息输出的短暂性，画草图可以减小遗忘的程度，同时不断深化设计创意。

"捕捉"的汉语解释是捉住某人或动物使其落入自己的手中，而在设计中的"捕捉"是一种设计方法，用来提取设计创意，是一种迅速有效的获取方式。

快速捕捉设计创意对设计师的综合能力有一定的要求，根据个体差异，捕捉能力和思维有所不同，捕捉的方式也各异。捕捉设计创意可以通过以下几种方式来进行。

（1）头脑风暴法。也叫智力激励法，是指无限制的自由联想和讨论，其目的在于产生新观念或激发创新设想。

（2）焦点法。是指与不相干的事物产生强制性的联想，以此来激发、扩散设计创意，扩大捕捉的范围。

（3）范围思考法。通过增加功能、提高性能、降低成本和增加产品魅力等来扩展可设计的范围。

类似的方法还有635法、2K法、MBS法等，这些方法都能有效地扩展思维，扩大设计创意捕捉的范围。

4. 快速表达的途径和内容

快速草图是很有效的构思方法，不仅能将一些想法明确地表达出来，而且可以随意修改。在运用草图进行构思的过程中，可以不断地捕捉灵感、自由发挥、不受约束。草图是效果图的前期阶段，有效而快速的草图有利于效果图的表现（如图2-11、图2-12）。

在确定设计创意之后，设计师需要把头脑中抽象的概念和构想通过具体化过程转化成具象的塑造，最初是通过草图的形式表达出来。这一方式的实现有不同的表达方法，具体有以下两种。

图2-11 汽车设计草图

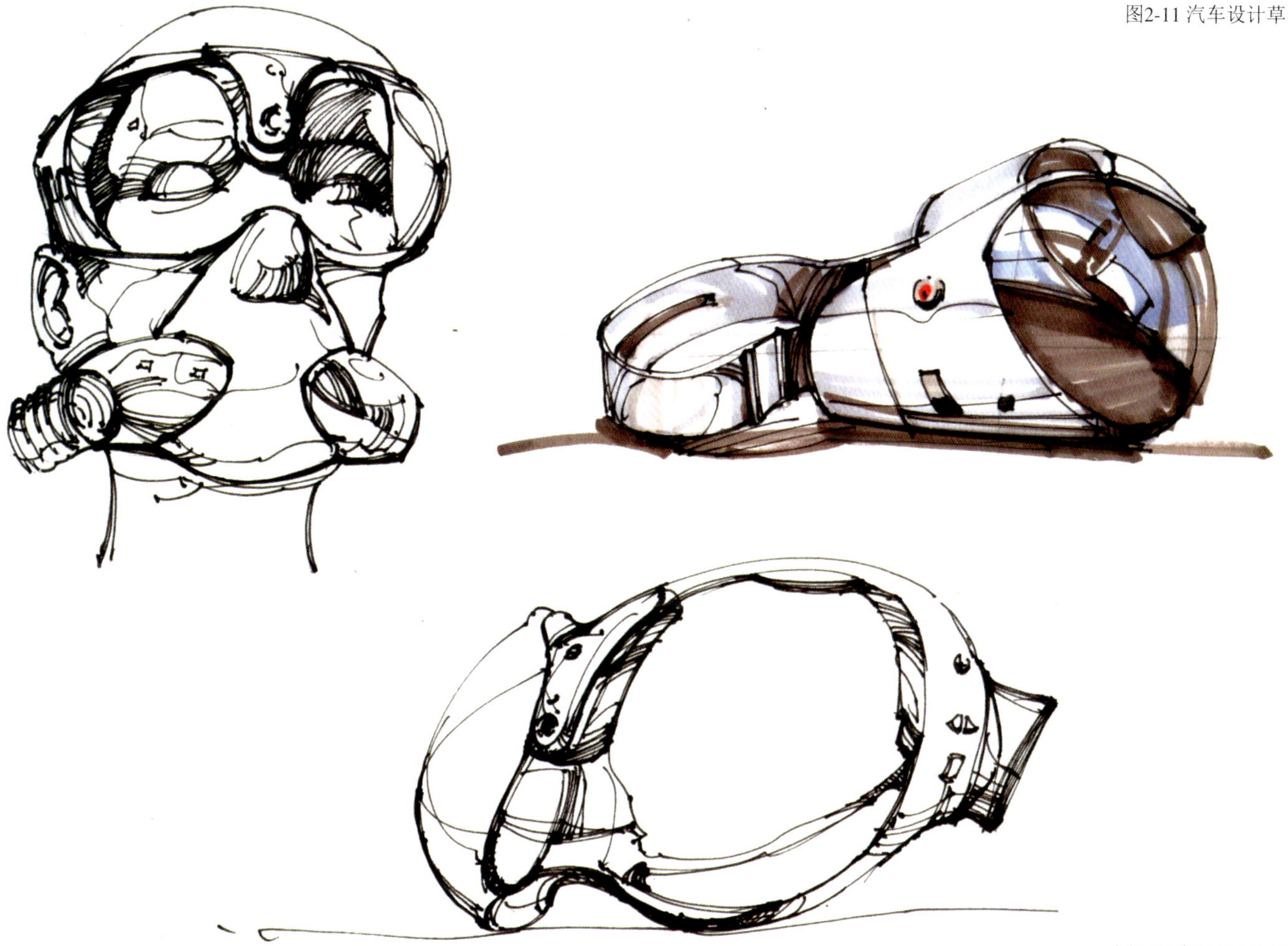

图2-12 音响设计草图

图2-13 小电器的概括表现图

（1）概括法：根据设计创意的不同，把形态特征明显的设计创意概括出来，而省略其没有明显特征的部分，以此来完成快速的表达。如用马克笔等工具表现其材质特殊组合的不同，突出设计创意部分（如图2-13）。

（2）局部表现法：只对设计创意中需要的部分进行表达，突出设计的分量，弱化其他部分。具体方式可以使用纯度和明度高的色调，用色彩突出设计的重点，对于其他部分可以采用灰色调表现（如图2-14）。

相对于产品设计来说，快速效果图的内容应该包括产品的材质、色彩、形体、肌理等，同时要体现设计创意的基本概念，包括形态及其所表达的概念。对一些设计的细节，如形体的结构、材料等无须过于充分地表达，能体现其特征即可。

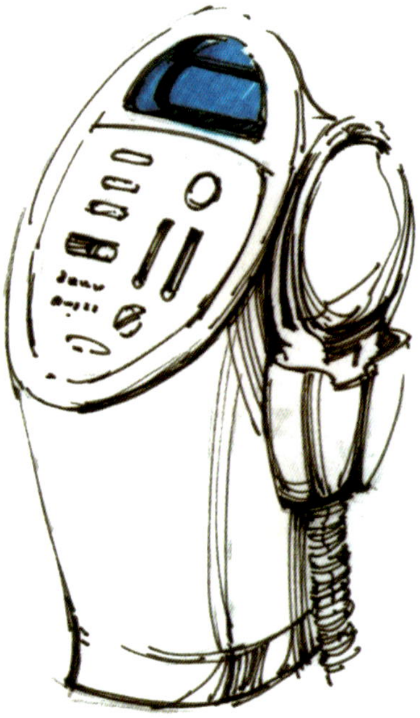

图2-14 小电器的局部表现图

5. 对设计师要求

设计效果图是一种传达设计创意的基本形式，设计师必须具备一定的表达能力，包括立体感、空间感以及对形体的概括能力等，才能很好地理解和表达设计创意。要准确快速地表达设计创意，除要求设计师具备熟练的手绘技能外，还需要有丰富的设计实践经验、正确的设计方法以及相应的艺术素养。

（1）熟练的手绘技巧：效果图对立体感、空间感和透视学都有较高的要求，熟练的手绘技巧是快速表现的前提，需要长时间的积累和训练。立体构成是塑造立体感的一门重要课程，能有效培养学生对于立体感和空间感的认识。透视学是产品表现技法的基础，准确地透视才能有效地体现形体的结构特点。

（2）熟悉各种工具的性能：设计师要准确表达自己的设计创意，对工具性能的了解是必不可少的，要能够灵活自如地使用各种工具。绘制效果图的常用工具包括马克笔、彩铅、色粉、水彩以及一些辅助绘图工具等，这些工具的性能差异较大，各有利弊。如油性马克笔笔触之间可以很好地融合，能达到理想的效果，但在对一些曲面的表现上却不是很理想；彩色铅笔可以弥补这一缺点，水溶性彩铅能完美地表现曲面的弧度；水彩的优点则在于能表现柔软的材质和大面积的均匀过渡。由于这些特性，采用多种工具相结合的方式是绘制产品表现图的最佳选择。

（3）综合的艺术品位：要快速表达设计构思，设计师还需要有综合的艺术品位。这种综合艺术感受需要有效地观察、积累生活阅历，需要对周围的生活具有敏锐的洞察力，这同时也为创意思维积淀了丰富的设计素材和依据。

（4）正确的设计方法：除了以上这三点外，掌握正确有效的设计方法是必不可少的。正确的设计方法能提高设计效率，还能激发设计师的灵感，同时不排除设计师通过经验积累而形成独特的设计方法。

（三）设计效果图的审美原则

设计效果图虽然不是纯艺术品，但必须具有一定的艺术魅力。具有美感的设计表现图往往以其简洁、有力、悦目、切题等特点打动人心，因此设计师不能忽视作品的美感。优秀的设计图融艺术和技术于一体，既是形状、质感、色彩、比例、光影的综合表现，更是设计师工作态度和心灵状态的体现。

1. 画面构图

画面结构是表现图美观性的重要体现，画面通过视觉传达而产生联想，达到某种意境。联想是思维的延伸，它由一种事物引申到另外一种事物上。各种视觉形象及其要素都会产生不同的联想与意境，由此而产生的象征意义作为一种视觉语义被广泛地运用在产品设计中。随着科技文化的发展，对美的形式法则的认识不断深化。形式美法不是僵死的教条，对其要深入体会，灵活运用（如图2-15 ~ 图2-17）。

图2-15 效果图的构图处理

图2-16 效果图的构图处理

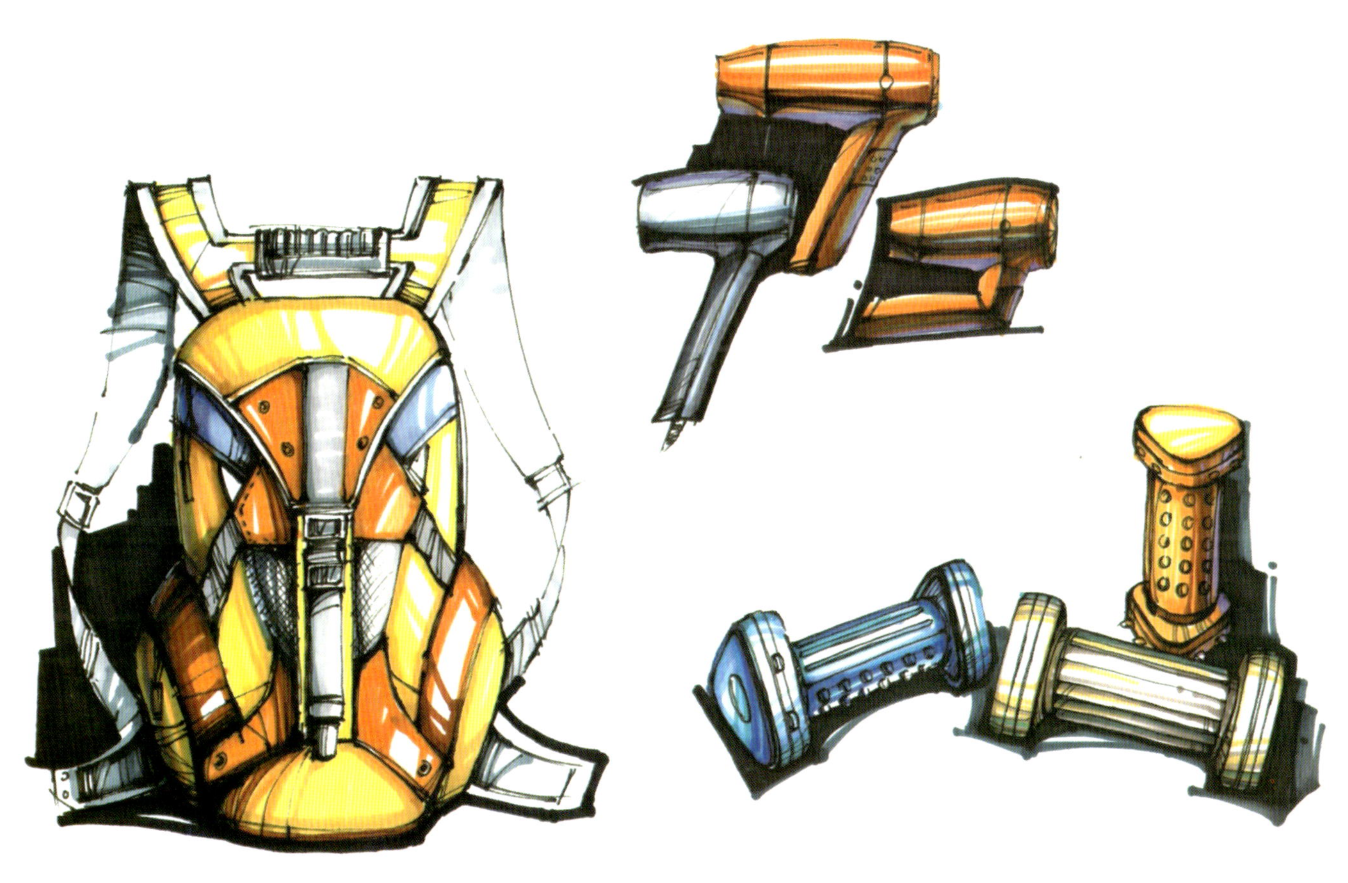

重心在物理学上是指物体各部分所受重力的合力点。在平面构图中，任何形体的重心位置都和视觉的安定有紧密的关系。人的视觉安定与造型的形式美的关系比较复杂，人的视线接触画面，视线常常迅速由左上角到左下角，再通过中心部分经右上角至右下角，然后回到画面最吸引视线的中心停留下来，这个中心点就是视觉的重心。但画面轮廓的变化、图形的聚散、色彩或明暗的分布等都可对视觉重心产生影响。因此，画面重心的处理是探讨构图的一个重要方面，一幅产品设计效果图所要表达的主题或重要的内容往往不应偏离视觉重心。

在有限的画面内，如何将设计产品清晰、美观地展现出来，这就要求在绘制过程中掌握主次分明的画面感。一般来说，在画面中应突出主次对比，产品的透视图要占画面的主要位置，以清晰全面地展现产品形象。细节图、结构图等辅助说明图，应该放在主要视图的周边部分，以形成画面的层次感，让人一目了然。

图2-17 效果图的构图处理

产品设计效果图要注重比例关系，使整个画面的布局井井有条，不能给人杂乱感。人们在长期的生产实践和生活中一直运用着比例关系，并以人体自身的尺度为依据，根据自身活动的方便总结出各种尺度标准，体现于衣食住行的器物用具中。恰当的比例有一种谐调的美感，成为形式美法则的重要内容。

节奏本是指音乐中节拍轻重缓急的变化和重复，这个具有时间感的词在画面构图上是指以同一视觉要素连续重复时所产生的运动感。韵律原指音乐（诗歌）的声韵和节奏，有高低、轻重、长短的组合与匀称的间歇或停顿，这就是韵律的运用。产品设计效果图中单纯的单元组合重复易显单调，将有规则变化的形象或色群间以数比、等比处理进行排列，可以产生韵律感。表现图中韵律的构成具有积极的生气，有增强魅力的能量。韵律的运用在设计表达中充分体现了画面的美感，可以产生抑扬顿挫的次序感与节奏感，使设计的美观表现达到极致。

2. 线条的视觉美

过硬的产品表现图绘制技术是保证设计意图的重要环节，其表现手法多样，在有限的尺幅内，通过画面布局、整体造型及局部细节的处理，让客户感受产品所具有的魅力。绘制完成的表现图应是准确清楚、美观大方、层次分明的。因此，在绘制过程中应做到形象生动、色彩明快、线条流畅。单就线条来说，不连贯、拖拉的线条会给画面造成混乱感，破坏画面的美感（如图2-18 ~ 图2-20）。

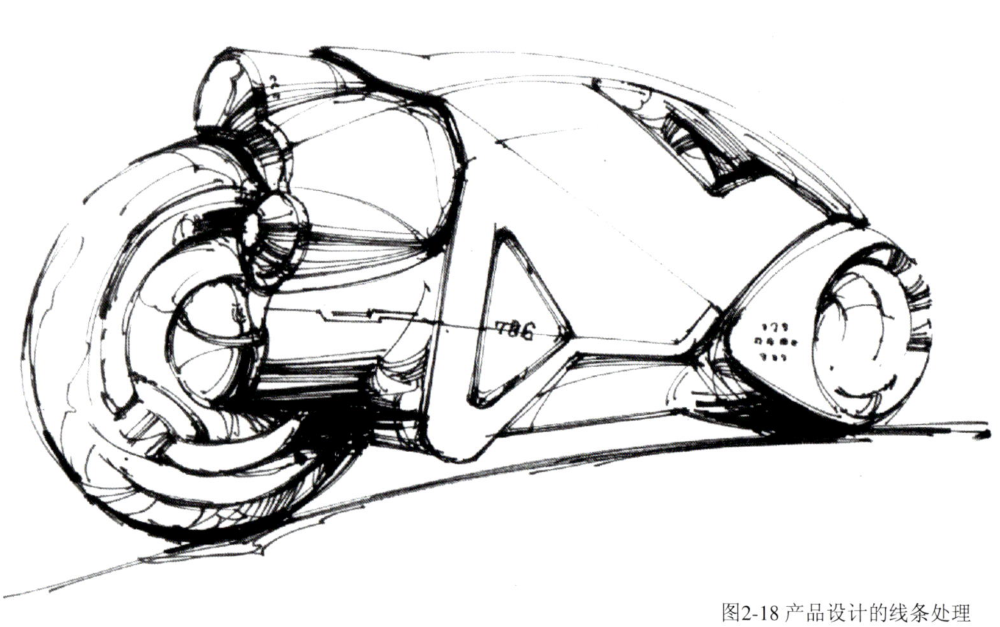

图2-18 产品设计的线条处理

在产品表现图的绘制过程中，应透彻领会不同形式美法则的表现功能和审美意义，根据需要正确选择适用的形式，从而构成适合的形式美。这些形式美法则在产品设计效果图的表现中是依托产品绘制时的流畅线条、突出主题的色彩分配、虚实相间的构图处理来实现的。这样的表现图会增大产品的受众范围，促成客户顺利采纳设计方案。

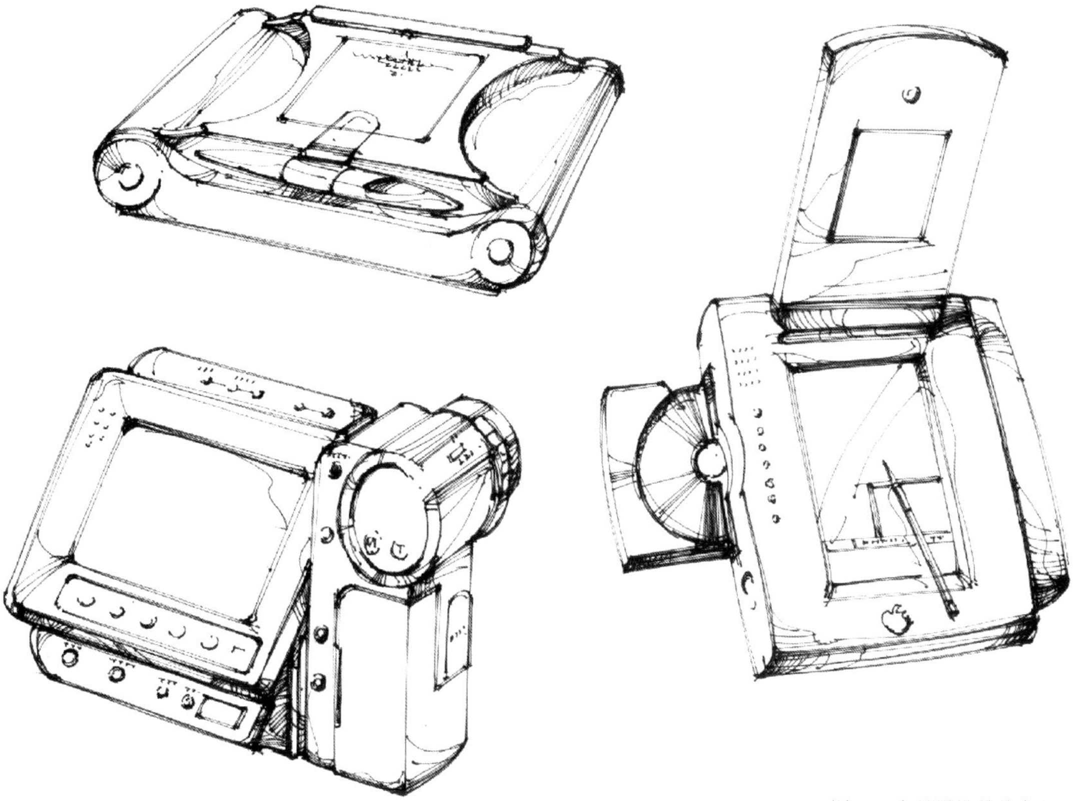

图2-19 产品设计的线条处理

在绘制产品结构的线条图时，要用粗细不同的线条适当搭配，使图面清晰且具有一定的美感。不同粗细的线型在设计图中有其特定的使用功能，必须正确使用才能使图面美观，正确易读。产品结构图中的线型一般有粗实线、中实线、细实线、标准实线、剖切线、虚线、结构线等。在绘制过程中，必须根据产品设计的形态和内容选择线型，线型粗细不得混淆，不能用同一种线型从头画到尾。绘制时所画线条必须粗细均匀、光滑整洁、交接清楚。一般来说，产品的轮廓用粗实线，内部细节用细实线，结构用中实线。

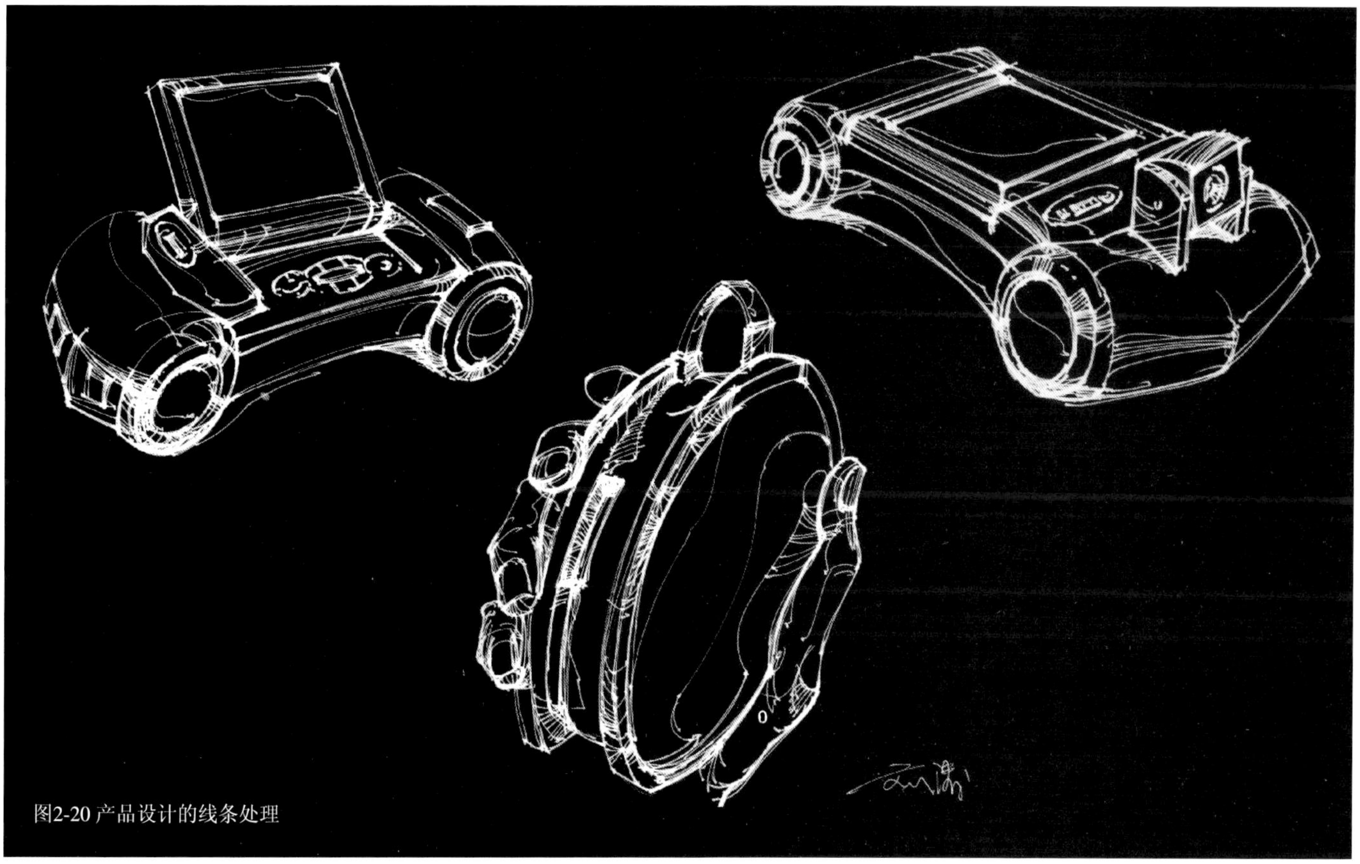

图2-20 产品设计的线条处理

（四）设计效果图的受众原则

设计效果图作为工业设计产品传播受众的媒介，是一种最直截了当的展示形式，其直观的图形比语言和文字更具说服力。效果图表达了设计师的创意构思，体现产品的形态、结构、色彩、质感、量感等，其中还蕴含着韵律、性格、美感等抽象内容，未曾受过图形训练的人也能一目了然。因此效果图成为产品设计的交流工具，适宜所有的受众人群，并且不受年龄、性别、职业及时空的限制。

1. 从内向使用层面上看

产品设计效果图作为产品设计的表达形式之一，让设计完美地展现于受众面前，因此作为设计师的一种基本能力越来越受到重视。全国各大开设工业设计专业的院校都把产品设计效果图技法作为此专业的基础性课程，除了让学生掌握基本的绘制技法以外，还让他们体会工业设计从构思到发展的整个过程。这种训练可以让学生在日后的产品设计工作中快速、有效、真实地传达自己的创作构思，是其成为一名合格的产品设计师的重要前提。（如图2-21、图2-22）。

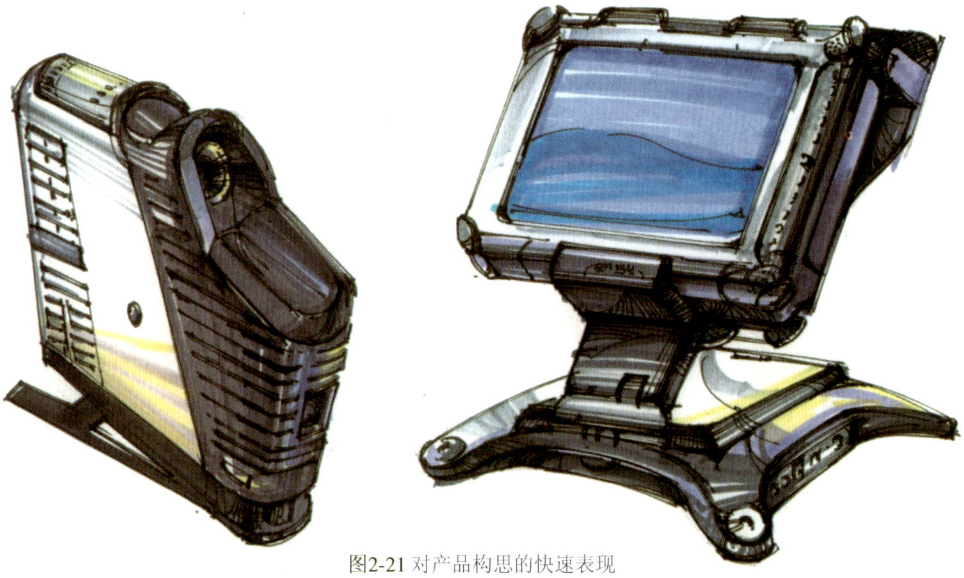

图2-21 对产品构思的快速表现

这种设计表达能力在设计公司、企业的设计部门的使用是非常广泛的。从公司或企业的产品设计过程来看，产品设计历经定义问题、了解问题、思考问题、发展概念、设计与测试（细部设计及测试）这五个阶段，产品设计效果图存在于思考问题这一阶段。这个阶段包含了前两个过程中的市场定位、人群分析、功能分析等，设计效果图此时扮演着重要角色。起初是以草图的方式勾勒出诸多造型，经过评审后，细化几个方案，进行设计效果图的表达。这种表达方式作为一种展现的手段，可以清晰地把设计师脑海中的蓝图描绘出来。

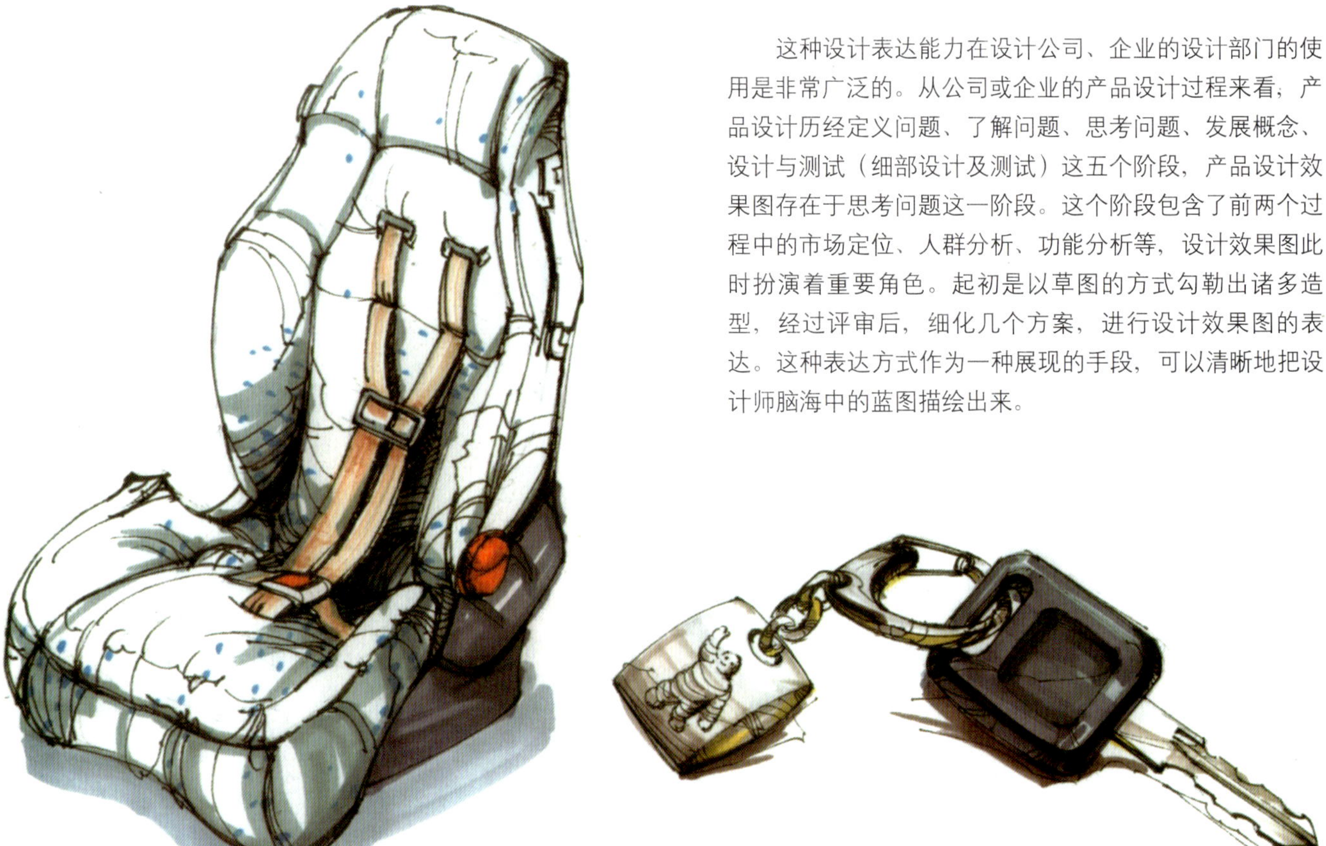

图2-22 对产品构思的快速表现

表现内容的广泛性也是产品设计效果图多样化的体现。从功能分类上看，可分为草图式、展示式、作品式等。草图式可分为构思草图、概念草图、方案草图、细节草图等，存在于设计初期阶段，比较粗糙；展示式效果图体现结构，突出主体，包括原理图、三视图等；作品式即创作式，近乎广告宣传画，往往需要加背景加以烘托。从表现方法上看，可分为多种手绘技法，形式多样，不同表现方法可以展示出不同的视觉效果。另外，随着现代科技的发展，计算机改变着我们的生活方式，也改变着设计师的工作方式，采用计算机辅助工业设计系统进行产品效果图绘制已经很普遍，但对于产品设计而言，这只是一种表现方法而已，它在效果图的表现上与传统方式并存。

图2-23 对产品效果的快速表现

2. 在外向认知层面上看

“文不足以图补之，图不足以文叙之”。图形展示是最直接、最具目的性的表现手法之一，它可以清楚地向不同知识层面、不同国籍的人展示所要表现的主题思想和创作构思。从外向认知层面上看，产品设计效果图的广泛性还体现在以信息传达为目标，主要用于交流。我们知道，语言是人类最基本的交往、表达方式，而在设计领域不同的专业有不同的表意语言。设计师用产品效果图来传递设计意图、交流设计信息，这是通用于任何人群的“国际语言”。当设计师为某企业构思了一款新的概念产品时，构思在设计师脑中的形态是无法用语言和肢体展现给大家的。因此，产品设计效果图就成为这种语言假借的工具。设计师从基本理念的形成、到外形的绘制、再到后期的着色等，这并不仅仅只是一个表达的过程，而是聚集设计思考发酵的过程。待设计效果图完成后展现给客户，客户便可根据设计师展示的图形和表述的设计理念，提出有的放矢的改进意见（如图2-23、图2-24）。

图2-24 对产品效果的快速表现

从这点我们可以看出，外向认知层面是介于不同环节、不同人群流通的过程，它给产品推广带来积极作用。同时，它也是适应市场的一种方法，更易于受众接受。这种广泛的解读群体正是产品设计效果图存在的意义，它是超越语言、超越国籍、超越文化的一种交流方式。

无论是从其使用层面还是从其认知层面上看，产品设计表达的广泛性作为设计表达的基本属性，是将产品展现给不同人群的重要表现手法。在学习阶段，我们不仅要对表现技法训练有素，而且要养成在绘制中思考的习惯，这个思考过程不单纯是对笔法、对构图、对比例、对画面的美感进行思考，而是把设计的思维融入其中。表达技法是为产品设计服务的一种外在表现，而理念是产品表达技法的灵魂与生命，枯燥地去模仿，只是一种熟能生巧的形成过程。因此，我们要从一开始接触设计表达时，就逐渐形成这种思维的培训、创意的表现，使手、脑、心完美结合，这才是产品设计效果图表达的灵魂所在。

（五）设计效果图的严谨性

工业产品设计除了激励创新之外，还是一种理性、科学和严谨的产物。产品效果图是设计的一种表现手段，它要满足工艺技术上的要求，将设计构思准确、严谨地表达出来。在设计表达的过程中，我们将严谨性分为三个方面：思维的严谨性、表达的严谨性、时间的严谨性。

1. 思维的严谨性

思维是人脑对于客观现实的本质反映，钱学森认为思维学包括三个部分：逻辑思维、形象思维、创造性思维。人的思维通过语言、符号等形式表达出来，被人们所理解和接受。首先，思维的过程是设计师进行编码的过程，这时思维严谨与否是语言和符号能否准确表达出来的关键因素。

在绘制草图的过程中，设计师将瞬间的灵感记录下来的过程以设计师的形象思维为主，具有直观性的特征。这一思维过程是设计师对设计对象的构建逐步清晰的过程，要求设计师保持思维的严谨性，将形象思维上升到逻辑思维，在表达的过程中对设计对象进行分析、比较，了解和发现问题并找出解决问题的方案（如图2-25）。

2. 表达的严谨性

设计表达是将设计者的想法、灵感、思维以图像的形式表达出来的结果，要求设计师表达手法准确，能够明确地将自己的创意表现出来，传达给接收者。这不仅是一个信息传递的过程，还是思维传达的过程。一方面，如果设计师的表达不够严谨，不仅不能给观者展示自己真正的意图，还会将自己所设计产品的效果“模糊化”，无法实现自己所要表达的真正意思。其次，设计表

图2-25 从运动鞋的设计体现思维的严谨性

达不仅要求完整准确地表达产品的外观结构，也要求对产品的内部构造有所体现，设计师对产品理解的程度将反映在外观结构和形态的准确表达上（如图2-26）。

3. 时间的严谨性

时间是有限的，这要求我们在规定的时间内完成特定的任务。无论是设计公司产品的开发阶段，还是学生在考试过程中，在规定的时间内完成设计任务都显得尤为重要。效率是决定产品设计成功与否的关键因素。首先，伴随着市场竞争的加剧，新产品的开发速度也越来越快，设计师在规定的时间内要完成大量的工作，包括从构思、画草图、建模到评估等一系列程序。这就要求设计师熟练掌握各门技术，提高工作效率。而产品效果图作为产品开发过程中的重要环节，因其本身的周期短，更应在特定的时间内完成。 另外，由于设计灵感时隐时现，如不能及时记录下来，便很有可能将好的想法丢失。

设计师以系统的方式完成效果图的绘制过程，将设计理念、感官体验、设计造型、材质表现融合成相应的设计表现图，使观者可以很明确地获取需要的信息。思维的严谨性、表达的严谨性、时间的严谨性都是设计师在表达过程中所必须注意的因素。反过来说，在这一过程中，任何要素的缺失都会导致效果图的不完整，使其无法达到预定的目的（如图2-27）。

本章小结

效果图的重要意义在于交流设计思想和传达正确的信息，通过对产品的造型、结构、色彩、质感的表现和艺术的刻画，反映设计产品的真实性。本章从真实性、快速性、美观性、严谨性、广泛性几个方面分析说明效果图的表现原则及特点，其真实、快速、美观、严谨的表现形式成为商业竞争的重要手段。

思考题与习题

1. 产品表现图有哪些表现原则？
2. 产品表现图有哪些特点？

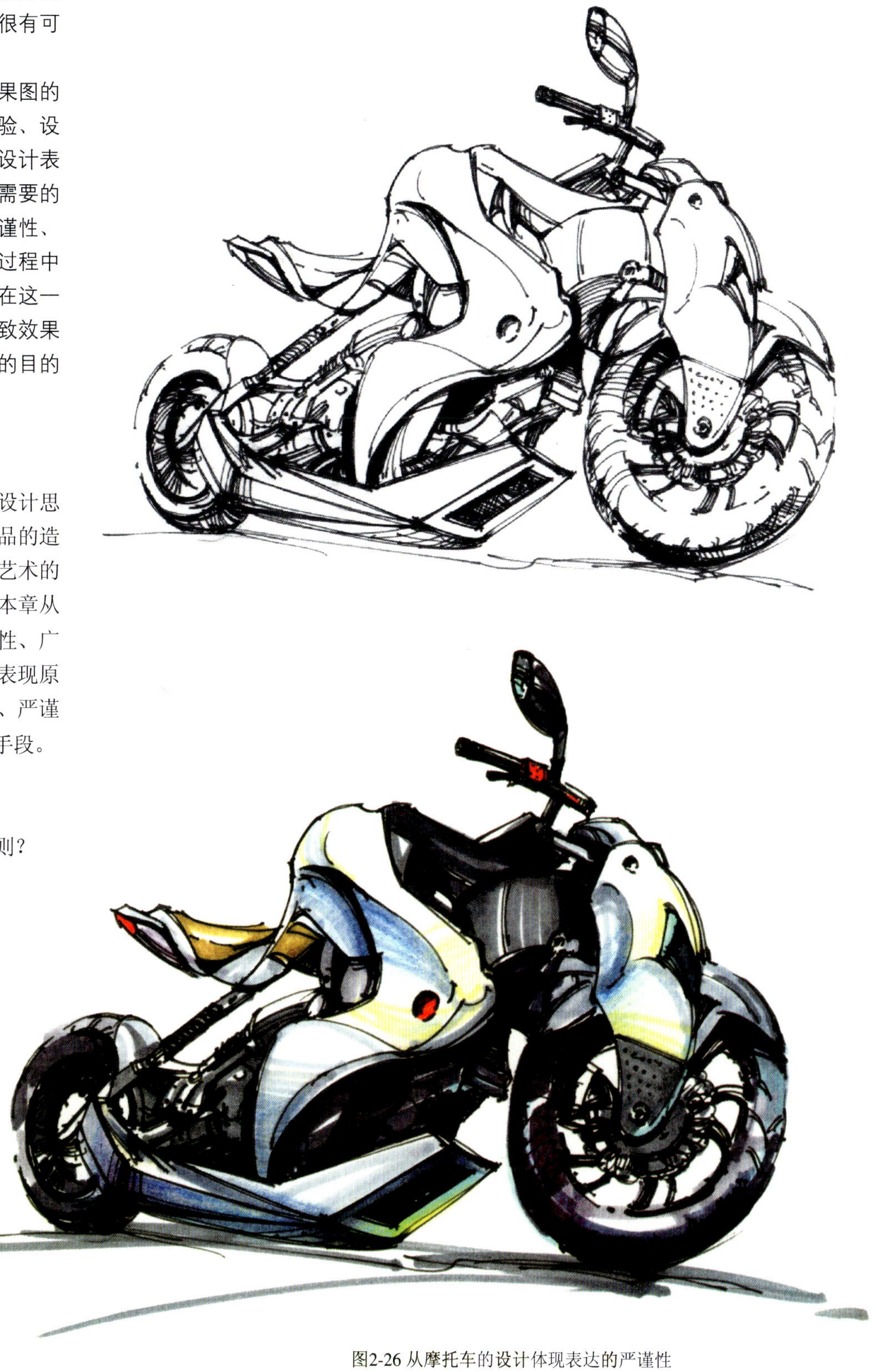

图2-26 从摩托车的设计体现表达的严谨性

效果图步骤一

效果图步骤二

效果图步骤三

效果图步骤四

图2-27 产品效果图完整的绘制过程

第三章 手绘表现的造型基础训练

学习目标

通过本章的学习，熟练掌握并能准确应用透视的基本原理和方法，了解透视规律在设计表达中的重要作用；在对产品的结构和色彩正确理解的基础上表现设计产品，从而达到认识形态、理解形态、表现形态的目的。

学习重点

应用透视的基本规律绘制产品透视图；用三维造型的观念去理解对象，对表现对象进行综合性的分析；了解产品色彩设计的原则。

学习建议

结合透视原理的做效果图和规范制图的技能训练，进行大量的设计速写练习，将透视知识、结构素描知识和设计表现紧密结合，学以致用。把产品的形、光、色、质等要素与透视表现结合起来，为设计表现打下坚实的造型基础。

一、透视基础练习

（一）产品透视技法

透视是一种视觉现象，人眼在观察客观事物时所看到的形态就存在透视规律。当相同的物体距离人眼远近不同时，距离越近的在视网膜上的成像越大，距离越远的则成像越小。在日常生活中，我们经常会看到这样的景象：一排排由近及远的树干至最远处变为一点。正是由于不同远近的树干所呈现出来的这种近大远小的形态变化，才能使我们感受到三维空间中物体的大小、远近和方位的变化。由于这种变化，我们才能分辨出三维空间中事物的具体位置，才能感受到一个真实的客观世界。这种现象就是透视现象。

工业设计表现图需要根据透视的规律来绘制，这是设计表达的首要因素。只有把产品的透视形状画准了，才能进一步表现产品的形状、色彩、材质等，所以说，透视是设计表现图的基础。

（二）透视的分类

由于物体相对于画面的位置和角度的不同，在透视图中呈现出三种不同的透视形式，即一点透视（平行透视）、两点透视（成角透视）和三点透视。在工业产品设计中，运用较多的是前两种透视方法。下面以一组立方体为例，用图示说明一点透视与两点透视的基本原理。

1. 一点透视

三个立方体均平行于画面，只是中间的距离我们稍远，垂直于地面的轮廓线没有透视变化，只有与画面垂直的那一组轮廓线形成透视，相交于视平线上的心点（灭点）。这种透视图画面只有一个灭点，所以被称为“一点透视”。因其表现的立方体有一个面平行于画面，故也被称为“平行透视”（见图3-1）。

在一点透视中，物体的一个面与画面平行，多用来表现主立面较复杂而其他面相对较简单的产品，比较容易掌握。其缺点是比较呆板，与真实效果有一定距离。

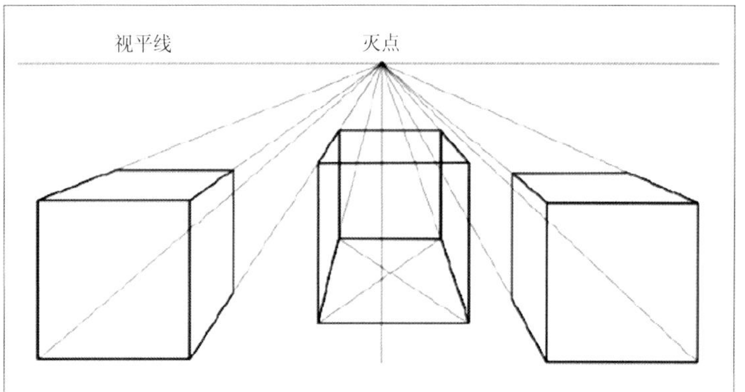

图3-1 一点透视（平行透视）

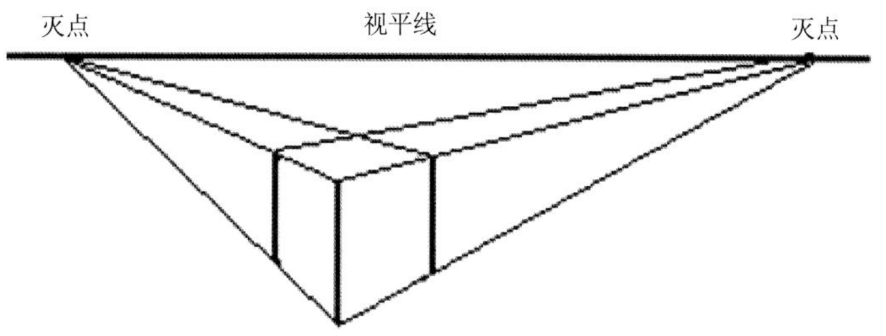

图3-2 两点透视（成角透视）

2. 两点透视

当组成立方体的三组轮廓线只有一组（通常为高度）平行于画面，其他两组表示长与宽的轮廓线各向左右延伸，消失于视平线上的两个灭点时，称为“两点透视”。由于物体的正、侧两个面均与画面成一定的角度，故也称为“成角透视”（如图3-2）。

两点透视能较全面地反映物体几个面的情况，而且可以根据构图需要自由地选择角度，图形立体感较强，是产品设计表现图中最常应用的透视类型。其缺点是如果角度选择不好易产生变形。

（三）应用透视技法绘制产品透视图

在画图前，要选择最能反映产品特征的角度。比如一个或相邻两个面结构丰富的形体，在绘制时可以采用一点透视画法。当表现小型产品如打印机、电话等时，可以采用高视点构图的两点透视；表现汽车或大型产品时，可以采用一般视高构图的两点透视，这样能使人有身临其境之感，更能表现产品的真实尺度。工业设计表现图需要根据透视的规律来绘制，这样才能解决产品的外观与结构问题，是产品设计表达的首要因素。只有把产品的透视画准了，才能进一步表现产品的色彩、材质等，所以说透视是设计构思表达的基础。

当产品的主要表现面和侧面的尺寸差别不大时，通常采用30°至60°角两点透视法，这种画法能分清产品的主次面，且画面活泼、形体清晰；当产品的主、侧面都要重点表现，或主、侧面尺寸差别较大时，可以采用45°角两点透视技法绘制。如汽车的主要和次要表现面尺寸差别较大，形体的主要结构位于相邻的侧面和车头，因此可以采用一般视高构图的45°角两点透视技法绘制。

下面以一个汽车透视图的绘制为例，应用两点透视介绍其作图过程（如图3-3-a ~ 图3-3-d）。

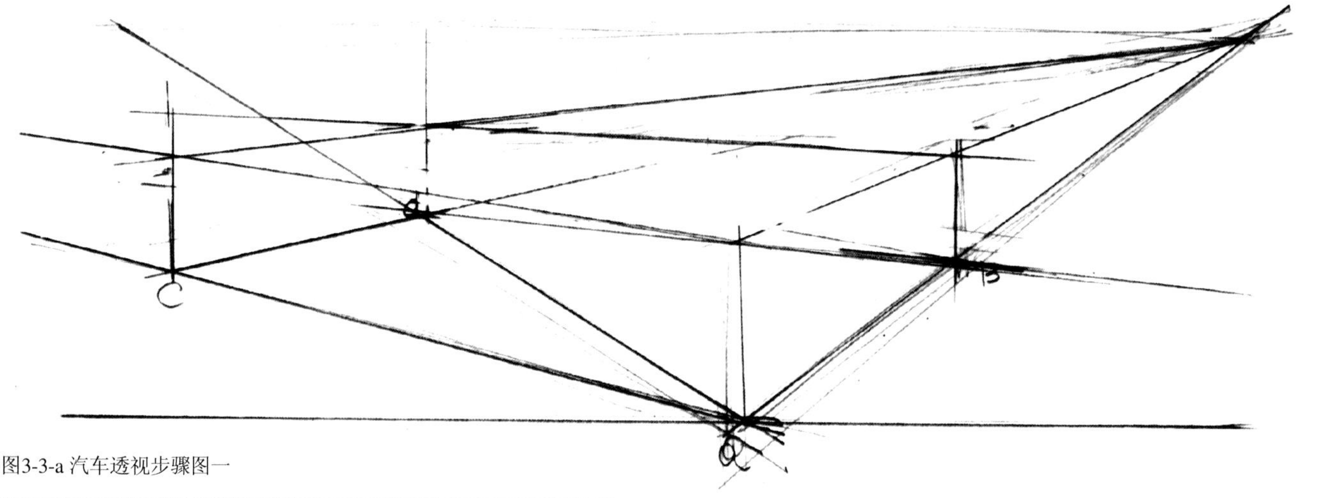

图3-3-a 汽车透视步骤图一

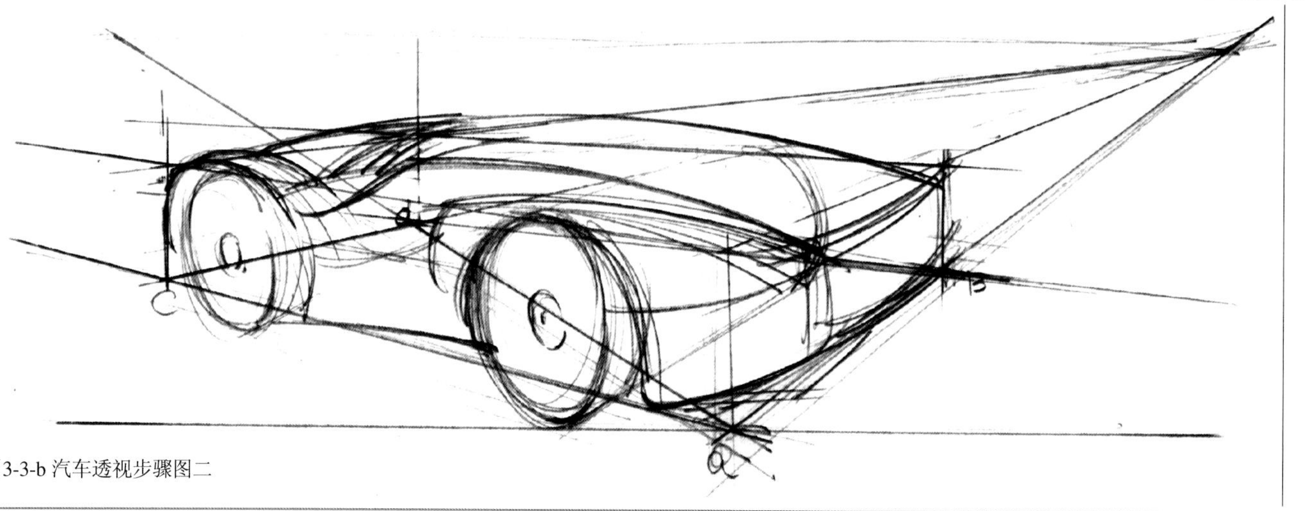

图3-3-b 汽车透视步骤图二

图3-3-c 汽车透视步骤图三

图3-3-d 汽车透视步骤图四

第一步：确定长方体的基本透视关系。

第二步：勾勒出汽车的外形透视关系，并画出其比例大小和整体透视，包括汽车的车轮及车顶的装饰线，由大到小的形体变化，力求体现透视关系的准确性。

第三步：在透视原理的基础上，用弧线画出汽车的结构变化及车轮的形状，注意弧线和圆形的透视变化。

第四步：在对轮毂进行深入刻画时，注意车轮的整体关系，以大圆为主，对于顶部的细节及尾灯的透视关系，要根据角度的不同加以变化。至此，这辆汽车的透视图基本完成。

规范的透视图绘制步骤严谨、尺寸准确，能真实地反映对象的尺寸和形态。但由于规范作图比较复杂，技术性较强，作图步骤烦琐，因此在设计的过程中还是以徒手绘图为主。徒手画设计草图时，需要记住透视的基本规律，如近大远小、近粗远细、近疏远密、近宽远窄、近实远虚等。同时，还要注意透视“度”的问题：物体深度距离大，透视线收得快；物体深度距离小，透视线收得慢。具体做法是先对产品的长、宽、高的相对比例和大的体面转折进行拟定，然后根据需要在画面适当的位置定出视平线和线上的消失点，最后由大到小、从前到后、由整体到局部绘制整个产品。

二、结构素描技法练习

结构素描也被称为设计素描，是工业设计表现技法的基础训练之一，从其表现技巧和画面效果来看，是以线为主、不施明暗、没有光影变化、强调形态内外结构关系的综合训练，强调表现手段与设计思维的统一。这种训练侧重对结构的正确理解，即用素描的手法，根据结构规律去描绘物体，从而达到认识形态、理解形态、掌握形态组合内在规律的目的。其在认识方法上更注重理性的认识，注重对构成形态内在因素的理解。

结构素描的重点是造型的比例、尺度概念、形态组合及其过渡规律、三维空间概念、形态分析与理解等方面，描画过程是采用以三维立方体为基准的观察方法扩展进行的。二维比例的观察方法只是作为不断校正的方式对形态进行理解，着重于表达清晰、明确的内外结构规律及其空间变化。它除了训练绘画表现能力之外，最终目的在于训练设计师用三维的观念去理解对象，对表现对象进行综合性的分析和剖析。结构素描训练是在已具备眼、脑、手熟练配合的条件下，进行形态构成理解的练习，所以结构素描不宜作为素描起步的学习，而需要在较扎实的绘画基础上再进行。

图3-4 汽车结构素描

在表现手段、观察方法及理解的角度上，结构素描也不同于传统的素描，它已经从固定角度变为多维角度，甚至通过产品的外表向核心观察，研究其内在结构。不仅要画看得见的外表形象，而且要画出看不见的内在结构及被遮挡的外部轮廓。能看到一个形态后面的许多东西，这是设计师必备的能力。

工业产品的结构素描是在传统素描的基础上形成的，是一个由表及里，从认识、分析、理解形态到表现、创造形态的训练过程。要遵循由浅入深、循序渐进的原则，随时去观察、去体验、去感受，从中汲取绘制和创意经验，从中得到新的启示，在反复的实践中提高产品造型设计的创造与表现水平（如图3-4）。

（一）掌握“整体”的观察方法

整体观察是在结构素描学习中要养成的正确观察方法，也是结构素描学习所要解决的重要问题及核心问题。树立整体的观察观念，训练整体观察的眼睛，是结构素描学习中贯穿始终的基本课题。提高观察能力是结构素描训练的基本任务之一，而掌握正确的观察方法是提高观察能力的重要途径。在结构素描的学习中，除了掌握整体观察与比较观察的能力外，更要注重培养对事物本质的洞察能力，真正做到理解地去观察形体、表现形体，从对物象的表面感性认识上升到思维的理性认识，并通过学习和训练启发自己的空间想象力，不断开拓设计思维（如图3-5、图3-6）。

在初学阶段，要学会归纳概括、综合比较的观察方法，加强对形体本质的认识。归纳概括可以解决初学者对于千变万化、错综复杂的复合体束手无策、无从下笔的问题。在复杂的产品造型面前，要学会用简单的几何形体去塑造、概括对象，这样就能抓住物体的基本结构和特征，从整体的观念去理解和感受物体。与之相反就会陷入繁杂琐碎的细节中，看不见重点，造成画面视觉感受没有整体与局部的区分，不

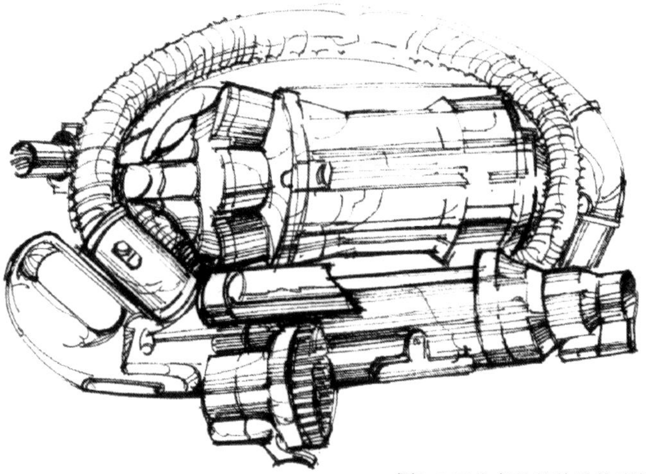

图3-5 工业产品整体结构素描

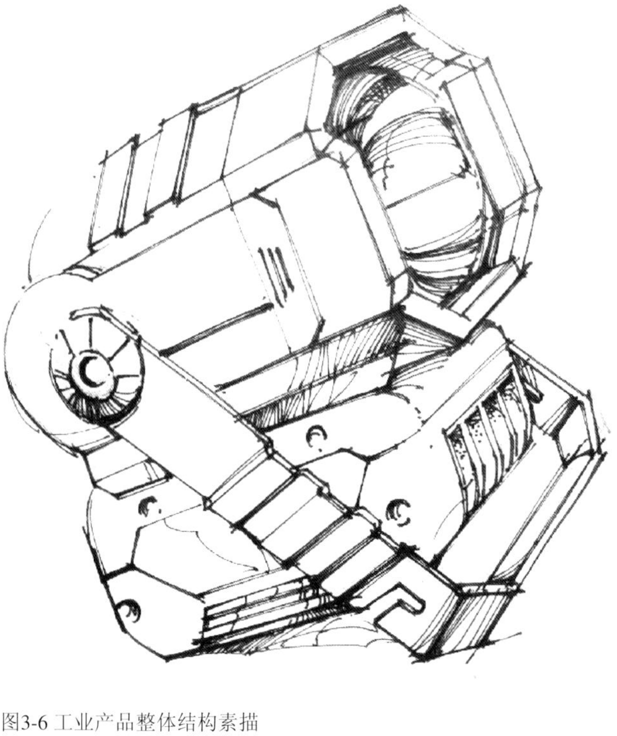

图3-6 工业产品整体结构素描

能正确反映物体的整体面貌。综合比较是指对物体做综合性和系统性的比较，比较形体的方圆、长宽、高低、曲直以及纵深等基本特征，一切差别都是在相互比较观察中发现和确定的，只有在比较中观察才能抓住物象的造型特征和个性特征。比较观察是通往整体观察的有效捷径，能使人更深入地理解和感受物体的本质结构特点。外在的形态都是内部结构的表面反映，只有透过现象看到本质才能准确描绘外部形态、空间和体积关系，这在结构素描中显得尤为重要。比如画一个人的头像，如果不了解头骨的基本结构，盲目照抄表面的形体起伏变化，就难以用正确的线条表现人物的基本特征。

（二）线的训练

线是结构素描中形体塑造和表现的重要手段，线条表现力的强弱对表现技巧有很大影响。流畅的线条可以表达欢快、轻松、愉悦的感觉；晦涩的线条则显现着苦闷、压抑的情感。线的抑扬顿挫、轻重缓急、长短曲直、浓淡干湿、虚实变化都展现了画者不同的情怀。线所形成的节奏、构成的韵律会产生强烈的视觉冲击力，使观者得到美的享受。因此，结构素描一直把线条表现能力的学习作为主要内容之一，使学生掌握结构素描的表现特征、线条的形成原理、线与面的辩证关系。

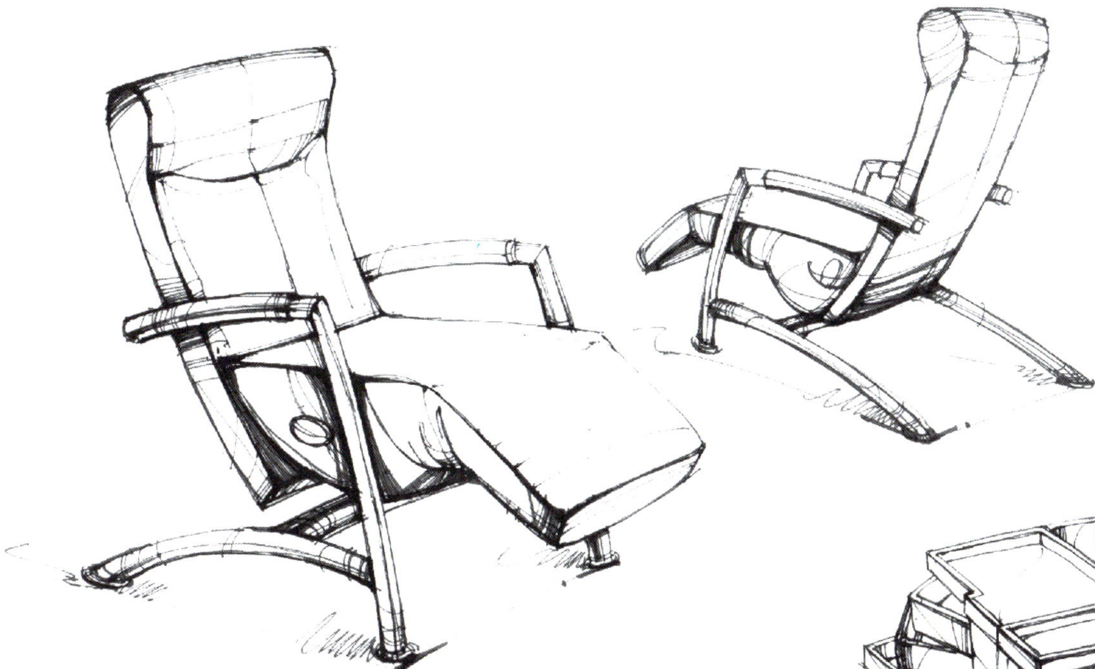

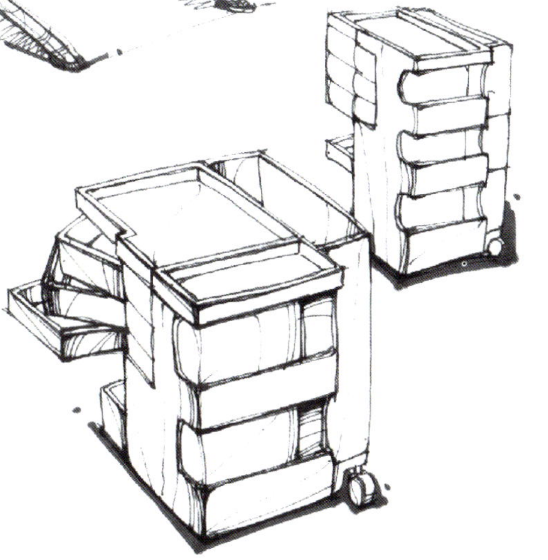

线是表现设计形态的最佳方式，不同形态的物体可以由不同的线条表现。有的线条感觉圆润、有的毛糙、有的轻快、有的凝重，所有的线条都是根据客观物体的形体特征去运用的。在线条的练习中，要注意结构素描中的线和国画中的白描线、工程制图中的线以及速写中的线条都是有区别的。因为国画中的白描线是光滑、圆润的，它用肯定而且夸张的线去表现主题；结构素描中的线则有虚实、强弱、层次、刚柔等特性，并且带有很强的设计性和探索性。工程制图中的线是严谨的尺寸线，是没有浓淡、虚实、强弱、刚柔的，而且是借助绘图工具来描绘的；速写与结构素描中的线都是徒手练习和绘制的，因为只有用徒手的方式才能使画面生动、活泼、流畅和富于变化。初学者在线条的练习过程中要特别注意用线的变化，丰富画面的表现力（如图3-7 ~ 图3-9）。

图3-7 家具结构线条练习

线在表现工业产品造型方面有独特的表现方法，如利用疏密、强弱、方向的不同变化来表现空间、距离、质感、量感等。

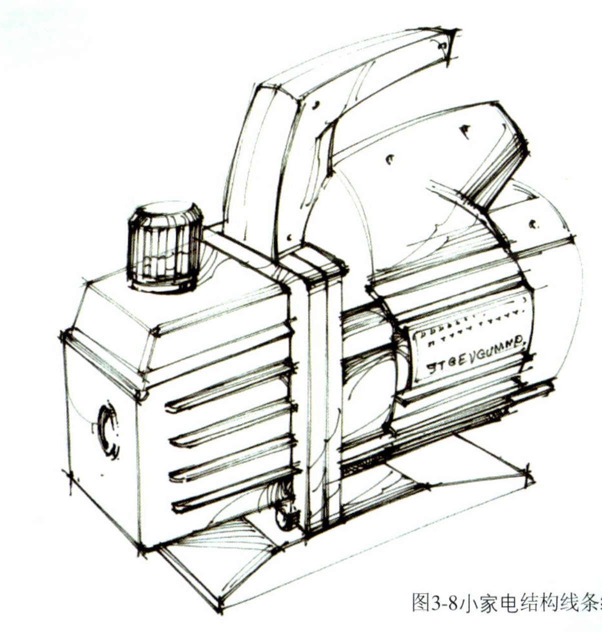

图3-8小家电结构线条练习

1. 线的疏密表现

通过线条疏密的不同排列和衬托表现物象的空间关系，如用疏密相衬法表现物象的前后关系，即前面的物象画得疏些，后面的物象画得密些，把前面物象衬托出来，也可反过来用之。

2. 线的强弱表现

通过线条的强弱变化也可以表现物象的前后空间关系，如用强线（粗线、重线）表现近处的物象，用弱线（细线、浅线）表现远处的物象。

3. 线的方向表现

通过线的方向的不同变化来表现物象的形态和体积等。

线的质感与量感是运用刚柔、方圆、粗细、浓淡、干湿等线条去表现的，例如在画金属物体时可用坚挺的线条；画木头等物体时可以用质感粗松的线条；画塑料制品可用圆滑的线条等。而对产品的形体结构、体面转折关系的表现用线要明确肯定，要多用实线，其他部分则相对减弱，多用虚线。在对物体空间的表现上，则采用前实后虚、前重后轻、前粗后细等线条的变化予以表现。

结构素描的练习关键在于练习的过程，而不是在于描绘的结果。通常描绘的过程应对物体的形体与比例、结构与空间在分析、比较中得到理解，以获得形态的三维想象力。为了清晰准确地把握结构和比例，画辅助线很重要，它用于分析结构的规律和变化，有助于加强三维空间的表现。结构素描的画面效果貌似线描稿或素描轮廓稿，但在描画方法上与绘画素描的线描写生有根本区别。要防止在结构素描的练习中采用绘画写生的方法，只把对象画成轮廓线描，然后加上透视辅助线，做成类似结构素描的效果。这样或许能画出较为准确的线描图稿，但在描绘的过程中很难在改变透视角度的默写练习中把原形准确地描画出来。结构素描在掌握透视和辅助线构成的基础上要使形态表达的手段更加合理，以满足准确性、完整性、空间感等要求。

设计师在创作过程中要将自己的构思用预想图的方式表达出来，这就要求设计师必须具备三维的空间思考能力和造型组织能力，并用恰当的方式形象地表达出来。这种表达是一个从无到有的过程，因此设计师如果仅有“写生”的能力，是无法进行形态思考、表达以及推敲的。

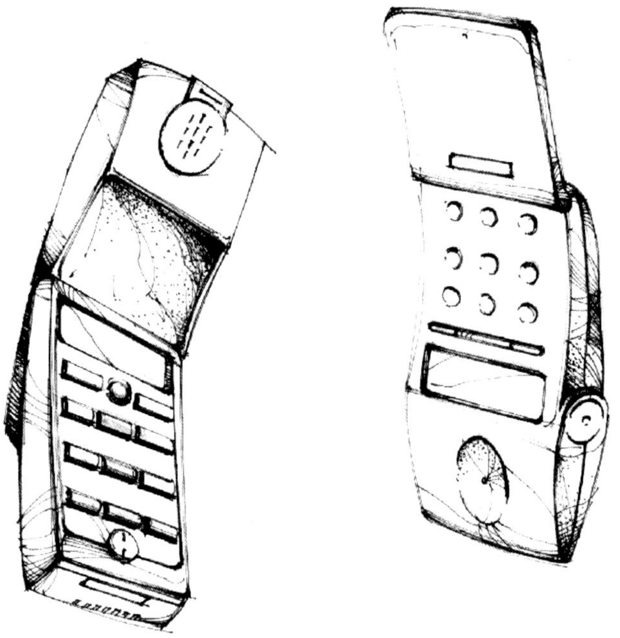

图3-9 手机结构线条练习

（三）结构素描的原则

1.合理构图

在进行结构素描之前，首先要安排好画面，计划好主次关系，不能使画面太空、太挤或偏离画面中心。主体形象应位于画面的视觉中心位置，画面由多个形体组成时要保持均衡稳定，疏密有致。

2.从形态结构出发

所谓形态结构是指物体各部分之间的组合方式，如一个立方体由6个面组成，相应产生12根棱线和8个交点；一个圆柱体由顶圆面、底圆面和回转面组成。一件工业产品的形态往往是由各种不同的基本几何体组合而成的，这些基本几何体之间的组合形式和构成规律就形成了产品的总体结构。在结构素描的绘制过程中，要从产品的结构出发来认识形态和表现形态，只有对产品内部构造和功能进行充分了解，把握住形态间的组成关系，才能从结构上进行归纳和提炼，以达到准确表达形态的目的。

3.画准形体的比例

结构素描中的比例正确意味着造型准确，这是指画面中的形体各部分之间具有确切的比例关系。比例关系是否准确是结构素描中的关键。除了透视关系准确外，结构素描还必须把握形体之间的相互关系。准确把握比例必须依靠认真观察形体之间的关系和不断地进行画面形象的比较，这样才能加强对形体的观察能力，培养眼睛对形体的辨别能力。判断形体比例的正确方法是首先从产品的整体出发，然后到局部的各个形体，即先从整体到局部，再由局部到整体进行验证。切忌一开始就只注意某一局部的描绘而忽略了整体，这样往往容易比例失调（如图3-10）。

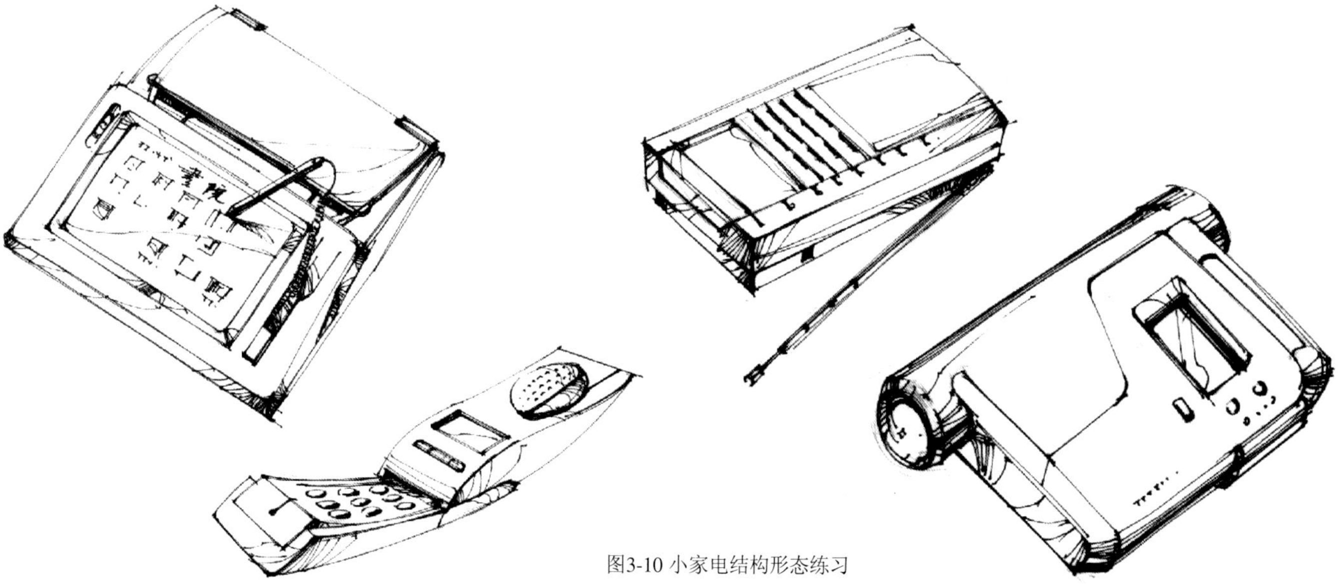

图3-10 小家电结构形态练习

三、色彩表现的技法练习

色彩在人们的生活中扮演着重要的角色，它不但能丰富人们的视觉景观，而且会影响人们的心理感受。在人们与外界进行信息交换的过程中，色彩也起着重要的媒介作用。俗语讲“远看颜色近看花”，人的眼睛在观察事物的时候，首先察觉到的是物体的色彩，其次才感受到物体的形体。可见，色彩是人类认知外部世界的第一媒介。色彩能美化产品和环境，满足人们的审美要求，提高产品的外观质量，增强产品的市场竞争力。合理的色彩设计能对人的生理、心理产生良好的影响。

（一）色彩的物理效应与心理效应

1. 色彩的物理效应

色彩对人引起的视觉效果反映在物理性质方面，如冷暖、远近、轻重、大小等，这不但是由于物体本身对光的吸收和反射不同的结果，而且还存在着物体间的相互作用所形成的错觉（如图3-11、图3-12））。

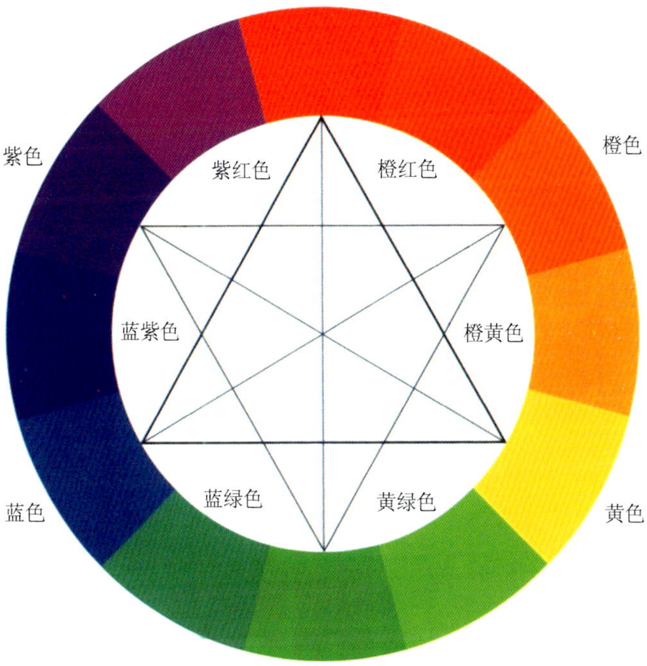

图3-11 12级色相环

（1）色彩的冷暖。色彩学中把不同色相的色彩分为暖色和冷色，从紫红、红、橙、黄到黄绿色称为暖色，以橙色为最暖。从蓝紫、蓝至蓝绿色称冷色，以蓝色为最冷。这和人类长期的感觉经验是一致的，如红色、黄色让人似看到太阳、火、炼钢炉等，感觉热；而青色、绿色让人似看到江河湖海、绿色的田野、森林，感觉凉爽。在色彩设计中，可以充分运用色彩的冷暖属性阐明产品的特质，如冰箱、空调、电风扇等产品多使用中性色彩或偏冷的色彩，而电暖气等取暖设施多用暖色。

（2）色彩的距离。色彩可以使人感觉到进退、凹凸、远近的不同，一般暖色系和明度高的色彩具有前进、凸出、接近的效果，而冷色系和明度较低的色彩则具有后退、凹进、远离的效果。如明度高的产品相对较为突出，明度低的产品则容易被人忽略。在设计中，可以运用色彩的距离属性营造远近不同的空间感。

（3）色彩的重量感。色彩的重量感主要取决于颜色的明度，明度高的显得轻，明度低的则给人以沉重的感觉。例如黄色、白色给人的感觉轻，紫色、蓝色感觉重，在色彩设计的构图中常依此达到平衡和稳定的需要。一些重型机械产品的色彩设计中，为了减轻形体的体量感所带来的压抑，往往采用明度较高、纯度较低的色彩；而体量较小的产品可以采用低明度色来增加稳定感。

（4）色彩的尺度感。色彩对物体大小的作用包括色相和明度两个因素，暖色和明度高的色彩具有扩散作用，因此物体显得大；而冷色和明度低的颜色具有内聚作用，因此物体显得小。不同的明度和冷暖有时也通过对比作用显示出来，可以利用色彩来改变物体的尺度、体积和空间感，使产品各部分之间的关系更为协调。

图3-12 色彩的冷暖与距离

2. 色彩的心理效应

性别、年龄会对色彩心理产生影响，儿童喜欢鲜艳、明快、纯净的颜色，儿童用品、幼儿产品的色彩设计大都采用艳丽、明亮而欢快的色彩。而中老年人就不喜欢过于单纯和华丽的颜色，因为那样会让人觉得轻浮。女性与男性对色彩的喜好也大不相同，女性喜欢青春、新鲜、清澈、甜蜜的色彩，从中透出明媚、淡雅、轻柔、浪漫的情调，因此针对女性消费者设计的产品色彩都会较为鲜艳和跳跃。

民族、宗教也会对色彩心理产生影响，民族习俗、宗教信仰等社会因素也是导致色彩心理趋向的重要因素，不同民族、不同国家对色彩的偏爱和色彩禁忌都有所不同。

此外，其他人文因素对色彩心理的影响也不容忽视，如中国传统的色彩观带有明显的意念特征，它把色彩与“五行”联系起来。青、赤、黄、白、黑是中国传统建筑和绘画常用的五种颜色，在古代哲学思想的影响下，形成了一组具有特殊内涵的“五方正色”，也奠定了中国传统色彩的哲学基础。

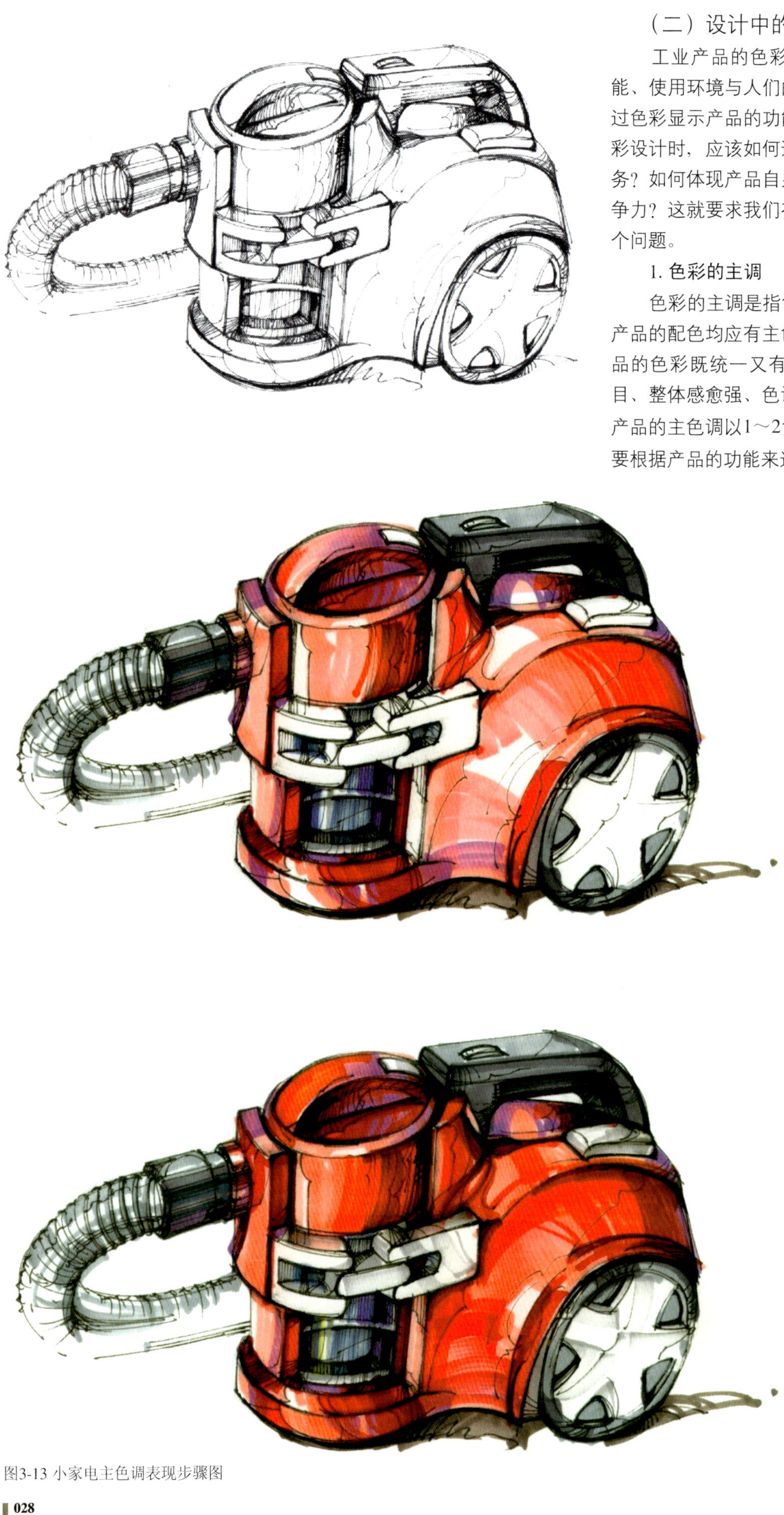

（二）设计中的色彩

工业产品的色彩设计总的要求是使产品的物质功能、使用环境与人们的心理产生统一、协调的感觉，通过色彩显示产品的功能和用途。那么，在对产品进行色彩设计时，应该如何通过色彩的选择与搭配完成这一任务？如何体现产品自身的魅力？如何提升产品的市场竞争力？这就要求我们在进行产品色彩设计时注意以下几个问题。

1. 色彩的主调

色彩的主调是指色彩配置的总倾向、总效果。任何产品的配色均应有主色和辅助色，只有这样，才能使产品的色彩既统一又有变化。色彩种类愈少，往往愈醒目、整体感愈强、色调愈统一，也愈能体现美感。工业产品的主色调以1～2色为佳。毫无疑问，产品的主色调要根据产品的功能来选定（如图3-13、图3-14）。

主色调确定后，其他的辅助色应围绕这个主色调来选择，使产品色彩形成一个统一的整体色调，如冷色系、暖色系、高明度、低明度、高纯度、低纯度等不同的色彩风格。不同类别的产品应该形成一套完整的行业色彩，规范色彩的视觉符号作用，体现产品之间的功能区别。另外，一个产品色彩主调的选择还要根据不同的使用环境、不同的地域、不同的民族、不同的国家对色彩的要求或喜好来确定，切忌等同对待、没有区别。主色调的选择还应与时代的信息、文化特征联系在一起，与时代的流行色相配合。对于一般的工业产品，尤其是电子产品，主色调的选择不是一成不变的。科技的进步、工艺的提高、人们认识的变化，都要求产品的主色调相应地改变。只有这样，才能适应这个时代的发展，满足人们的需要。近些年来，小到IT业的产品，大到汽车产品，都由严肃、冰冷的黑、白、灰色调转向鲜活的高纯度色系，如蓝、绿、橙、红等，使产品形象变得鲜活生动，增加了产品的亲切感，拉近了产品与消费者之间的距离。

图3-13 小家电主色调表现步骤图

2. 色彩的和谐

色彩很少以静态的或孤立的面貌存在，即使在白纸上画了一块平涂的颜色，它也会与纸的白色背景形成一种比较关系。也就是说，任何一个色彩的选择与应用，都应该和与它搭配在一起的其他色彩进行对比，找到一种和谐的关系，做出相应的调整。同时，视觉对于色彩的识别也有一个增长和衰减的变化比率。根据色彩的属性和人的生理特征，人们对色彩的视觉感应与识别不是始终如一的，而是变化着的。人们总是在找一种适合于自己心理、生理感觉的影像，这必然会对色彩设计提出更高的要求，那就是要分析、了解消费者作为产品的使用者、欣赏者的心理、生理感受。

所谓的和谐，就是综合了色彩的各种可变因素后，着眼于组合的自然而又融洽的关系。这种色彩关系一是指不同色彩配置时的面积和比例；二是色彩在明度或纯度上的接近程度；三是某一色彩的过渡方式；四是通过色彩自身的增长与衰减，减弱了对视觉的刺激程度。通常，调和色彩以适目的色彩效果为依据，要求有变化但不过分刺激，统一但不单调。“同一”“近似”“秩序”是把握色彩调和的三个要领，这种和谐实际上是产品自身色彩的和谐（见图3-15）。

图3-14 汽车主色调表现

此外，产品是物质性环境中不可缺少的组成，任何一个产品都有它固有的使用环境，故在色彩设计过程中必须考虑产品的使用环境，所以色彩的和谐还应该包括产品色彩与使用环境的和谐。必须注意所选择的色彩应使产品对其周围环境的影响越小越好，甚至能与环境融为一体。如果不考虑使用环境而进行产品色彩设计，那么这个产品就是有缺陷的。它被孤立，就失去了它特有的功能与赖以生存的大环境。所以，产品色彩要着眼于和谐，要求与自身和谐、与人和谐、与环境和谐。

图3-15 飞行器的和谐色彩

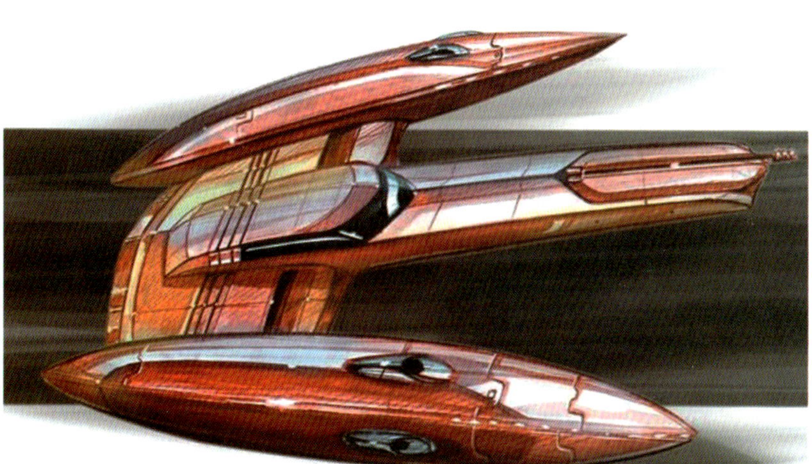

3. 色彩的视觉节奏

在多数情况下，颜色的出现并不会以体现形、空间、色调为结果，它还包含一种组合关系上的节奏。当然，这种节奏是视觉联想意义上的。色彩中的节奏没有统一的标准，也没有固定的规律，它是以超越人们意识的状态存在的。如果我们同时看到两个产品，其中一个是简单的色彩搭配，没有材质、色彩的变化，而另一个产品在色彩设计上刻意强调了有序的组织，那么，视线必然会本能地被第二个产品体现出来的节奏所吸引。此时，色彩的节奏转化成了解决视觉中心的方法，有了这种方法，就可以主动地在色彩配置中有目的地确定重点。对于一个企业来说，为了使自己的产品更好地在琳琅满目的产品陈设中吸引更多消费者的目光，就应该懂得如何通过视觉中心转移的方法来设计自己的产品。

从本质上说，色彩的视觉节奏有赖于眼睛的错觉认识和经验的提示。视觉的疲劳状态、观察角度、欣赏目的、色彩出现的位置等，都可以形成节奏，包括以下两种。

（1）渐变节奏。就是产品形态中不同的色块以渐近的顺序，一个色块紧靠着另外一个色块来排列。可以按照色环上色彩渐近的顺序来排列和衔接；也可以按照明度的黑、灰、白渐近的顺序来排列；还可以按照色彩纯度的高、中、低的顺序来排列和衔接；有时亦可把三个方面结合起来使用。

（2）跳跃节奏。就是采取跳跃的方式安排色块，如按照强、弱、中、强、弱的顺序安排色相、明暗、鲜灰的变化，加强色彩的对比，形成一种强烈、激动、不稳定的效果。

（三）色彩在产品设计中的应用

产品色彩设计的目的是在既定的限制条件下，协调各方面因素，使产品的价值最大化。产品色彩可以和产品形态一起作为设计语义传达的工具，在设计中应注意色彩要使人感到愉悦，有利于使用上的便捷，产生精神上的美感。

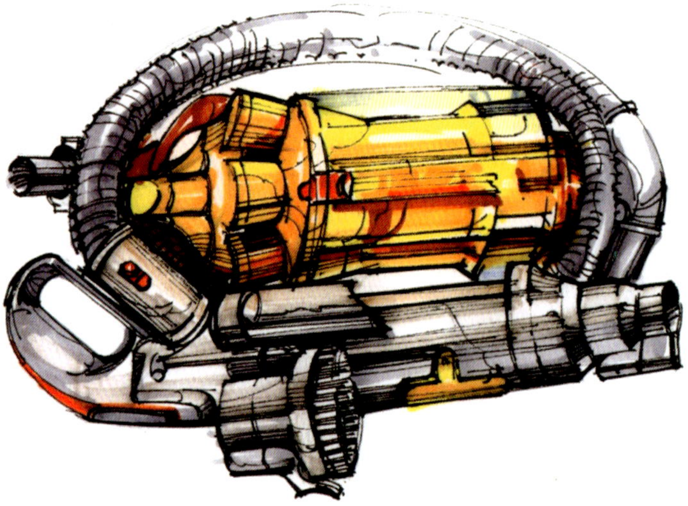

图3-16 产品色彩的结构功能

1. 产品色彩的结构功能

色彩的结构功能指的是运用色彩实现产品形态的表面分割，突出重点部位，改变令人不满意的形态比例等，以此弥补造型设计中的不足。因此，色彩可以成为一种视觉语言，以一种可以控制和预见的方式影响产品的可见结构（如图3-16、图3-17）。

（1）以色彩结合形态突出产品的实际功能。在进行色彩设计时，有目的地对产品的某个部位进行重点配色，使其突出于背景或其他部位，吸引人们的注意力，暗示某种特定的功能。例如产品的主要运动部件和操作控制开关、制动的色彩，特别是消防、配电、急救、启动、关闭、易燃易爆及有毒物质等标志色应醒目突出，一方面便于操作人员正常操作，另一方面也有利于在非常时期迅速、准确地处理问题，排除故障，确保安全。

（2）以色彩表现产品的象征功能。利用色彩的联想进行诱导或象征，如白色给人纯洁的感觉，蓝色给人沉静和理性的感觉，红色会使人联想到热情和危险等。色彩的象征性是历史文化的结晶，也是约定俗成的文化现象。信息时代的到来给产品的色彩设计带来了多元化的趋势，包括色彩的多元化和表现手段及材料的多元化，使产品更能通过色彩体现个性化和感性化。

2. 产品色彩的人机工程学功能

色彩的人机工程学功能是通过其在安全性、能见度及产品识别等方面的作用表现出来的（如图3-18 ~ 图3-20）。

图3-17 产品色彩的结构功能

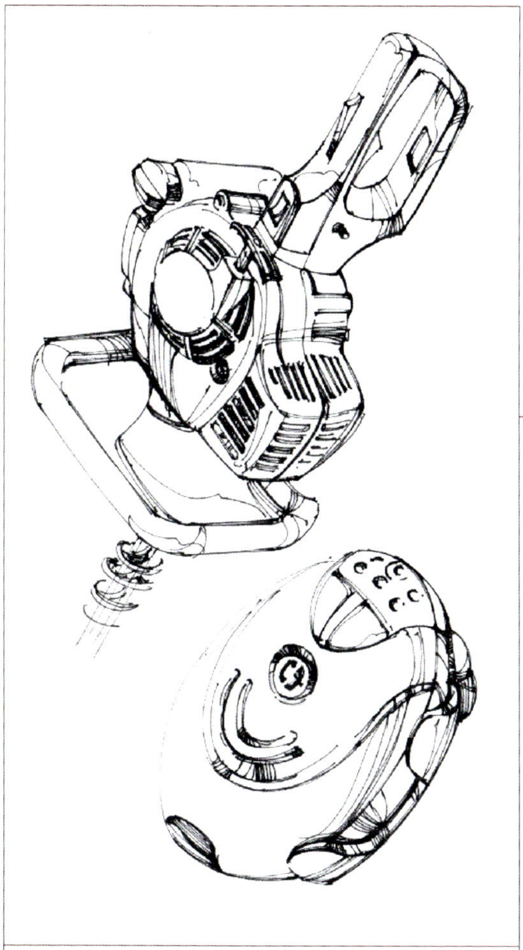

（1）安全性。在产品设计中，可以运用醒目的色彩来表明产品的控制按钮或显示状态，如设备上转动的轮子，可在轮辐上刷上易使人警觉的红色，在移动的防护罩上饰以明度较高的明黄等。在野外操作的工程机械经常在没有任何特殊防护设施的环境下工作，为了防止行人靠近而造成伤害，往往采用橙色、朱红、明黄等色彩，以与环境中绿色的树木、棕褐色的泥地或灰色的水泥地形成鲜明的对比。

此外，产品上有特殊要求的零部件，如重要开关、特别的操纵手柄、机床附设的起重装置以及需要告诫人们不能随便靠近的危险装置等，都必须采用易使人警觉的色彩。

图3-18 人机工程学在产品色彩上的体现

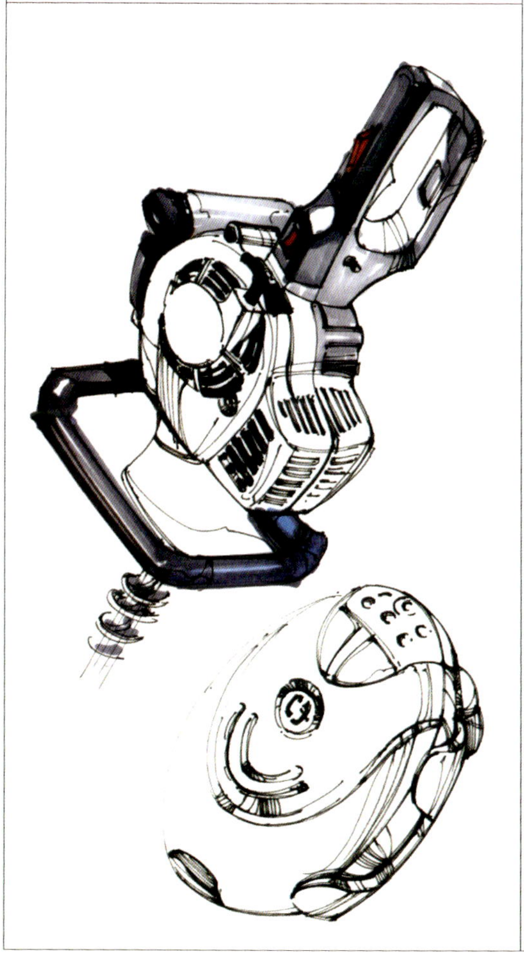

安全色是在有效地利用色彩的物理性质以及所赋予的心理作用，以防止灾害发生的指导思想下产生的。有效的安全色能让人远离可能发生危险的区域或事物，能对危险的操作做出事前的提醒等。要产生这样的效果，方法是用色彩创造一个注意中心，可以在这样的设备或部件上采用强烈、鲜明的色彩，以使其与周围的环境或其他设备、部件形成对比。使用这类颜色刺激反应较快，易引起人们的兴奋与警惕。这类色彩辨认率也较高，常用的对比组合见表3-1。

表3-1 色彩的对比组合

背景色	最佳组合		较佳组合	
	颜色名	确认率/%	颜色名	确认率/%
白	绿	61	青	59
黑	黄	80	橙	68
橙	青	48	黄	44
其他	橙	70	黄	67

（2）能见度。能见度是指确认对象存在的程度以及眼睛捕捉外界物体所能达到的距离或面积。在色彩设计中，能见度是指色彩之间的差别(对比)为视力所能辨别清楚的程度。愈能辨别清楚的能见度愈高，反之则低。当光照强弱和物体大小相同时，物体能否被辨别清楚取决于物体色与其背景色在明度、色相、纯度上的对比关系。相互之间对比强，能见度就高，反之则低，其中尤以明度对比关系的影响最显著。日本学者对不同色彩组合的能见度进行试验，得出了纯色组合能见度的排列顺序，如表3-2所示。

图3-19 人机工程学在产品色彩上的体现

表3-2 能见度高的配色顺序

图形色	黄	黑	白	黄	白	白	白	黑	绿	蓝
底色	黑	黄	黑	紫	紫	蓝	绿	白	黄	黄
顺序	1	2	2	4	4	6	7	7	9	9

注：1为能见度最高，从1到10能见度依次降低。

同样，在控制装置中也应注意控制器与控制面板之间以及与周围环境之间色彩的明度对比，以提高可视性和工作的持久性。

（3）识别作用。色彩的识别作用比造型强，在众多的商品中要达到使某种商品醒目的效果，树立企业的“商标”形象以及在公众场合提高识别的程度，与其用造型来区别倒不如用色彩更有效果。在生产制作现场，色彩有助于提高操作者的识别能力，提高工作效率。具有某种特殊功能的产品会与公众熟悉的特定色彩相联系，如红色的消防车、白色的救护车、绿色的邮政车等。此外还有十字路口的交通指示灯，利用红、绿、黄三种具有特殊意义的标志色彩管理车水马龙的现代交通（如图3-21）。

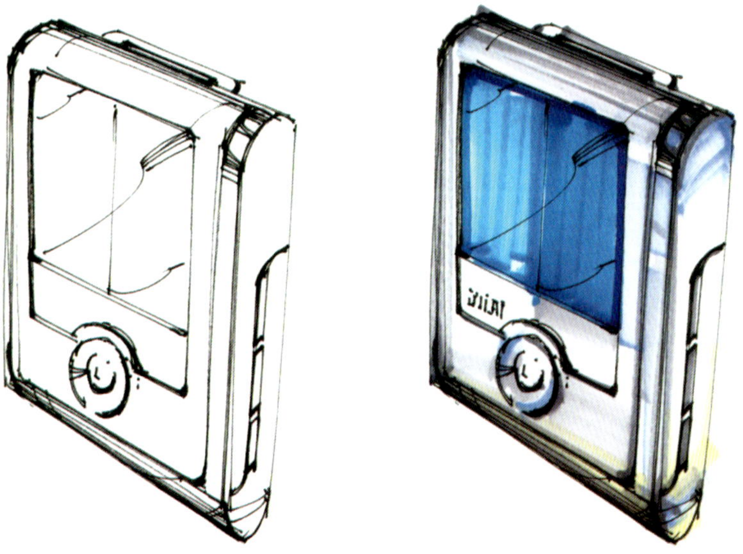

图3-20 人机工程学在产品色彩上的体现

3. 产品色彩的美学功能

产品的形式美是由形状、色彩、质地等多方面因素以及造型的整体与局部的关系构成的，其色彩配置关系也应符合造型设计的美学法则：统一与变化、调和与对比、均衡与稳定、节奏与韵律、主从与重点、过渡与呼应、比拟与联想等美学功能讲究的是色彩的整体协调性，整体感是产品形式美的重要因素。整体感不允许一件产品的色彩处理没有固定的章法，整体要展现局部细节，但局部必须服从整体，只有这样才能表现或突出一个主调，达到较好的艺术效果，从而使产品具有一定的感染力。需要着重指出的是，产品的功能性对产品色彩的美学功能有很大影响，产品的美学价值取决于对其实用性和结构合理性的综合考虑。那些安排合理、使用方便的产品必定是悦目、美观的。对于以实用为目标的工业产品，这种功能主义的说法显然是有说服力的。

图3-21 工程车辆的标志性色彩

色彩在产品设计中的关键是配色。成功的色彩设计应把人们对色彩的审美性和视觉心理紧密结合起来，以获得高度统一的效果。因此，色彩在产品设计中如何适应消费者的需要就成了至关重要的问题。一般来讲，产品的色彩搭配需要注意以下几个方面。

（1）丰富性。色彩设计应通过不同形状、不同结构来提高视觉的欣赏价值，用相应的色彩来丰富单一的产品形态，使造型增加情节，具有欣赏趣味和形式美感，丰富产品的形象和人机交流的愉悦性，以求改善产品的整体视觉效果。

（2）协调性。当有些产品配件较多且比较复杂时，可以通过色彩来对其进行整理、概括、归纳，使产品形象统一、有序。可以利用色彩的调和性乱中求整，将局部形态组织在一起，避免视觉上的凌乱效果。当产品形态比较复杂时，还可以利用色彩对产品的局部进行合理的划分，以减轻形态的单调感和笨重感，形成主次区域，使其分布明显、利于操作。

（3）对比性。当某些产品的体量较小时，为了使其醒目并增加动人的强度，在色彩设计中常常运用注目性较高的色彩对比。例如采用明度对比、色相对比、纯度对比等手段，烘托、陪衬和加强主体形象，起到影响或增强各自的表现力的效果。另外，也可通过色彩的对比强化对产品局部形态的感受，充分表达产品的设计概念（如图3-22）。

4. 影响产品色彩设计的其他因素

（1）色彩的经济性。产品的色彩设计也存在着经济性，选用什么品牌或什么材质的色彩都与产品价格直接相关。产品色彩的增加会导致模具、材料等费用的增加，相同的色彩采用不同的加工工艺所产生的质感效果是不一样的，价格也是不同的。

（2）流行色因素。流行色（Fashion Color）从广义上讲是指在社会生活中较为突出的、活跃的、广泛使用的或带有前卫、先锋性质的色彩，是在某一个特定时期因人们普遍喜欢而广泛采用的颜色。流行色已经成为商品市场的媒介和竞争手段，对提高产品销量有很大的帮助。

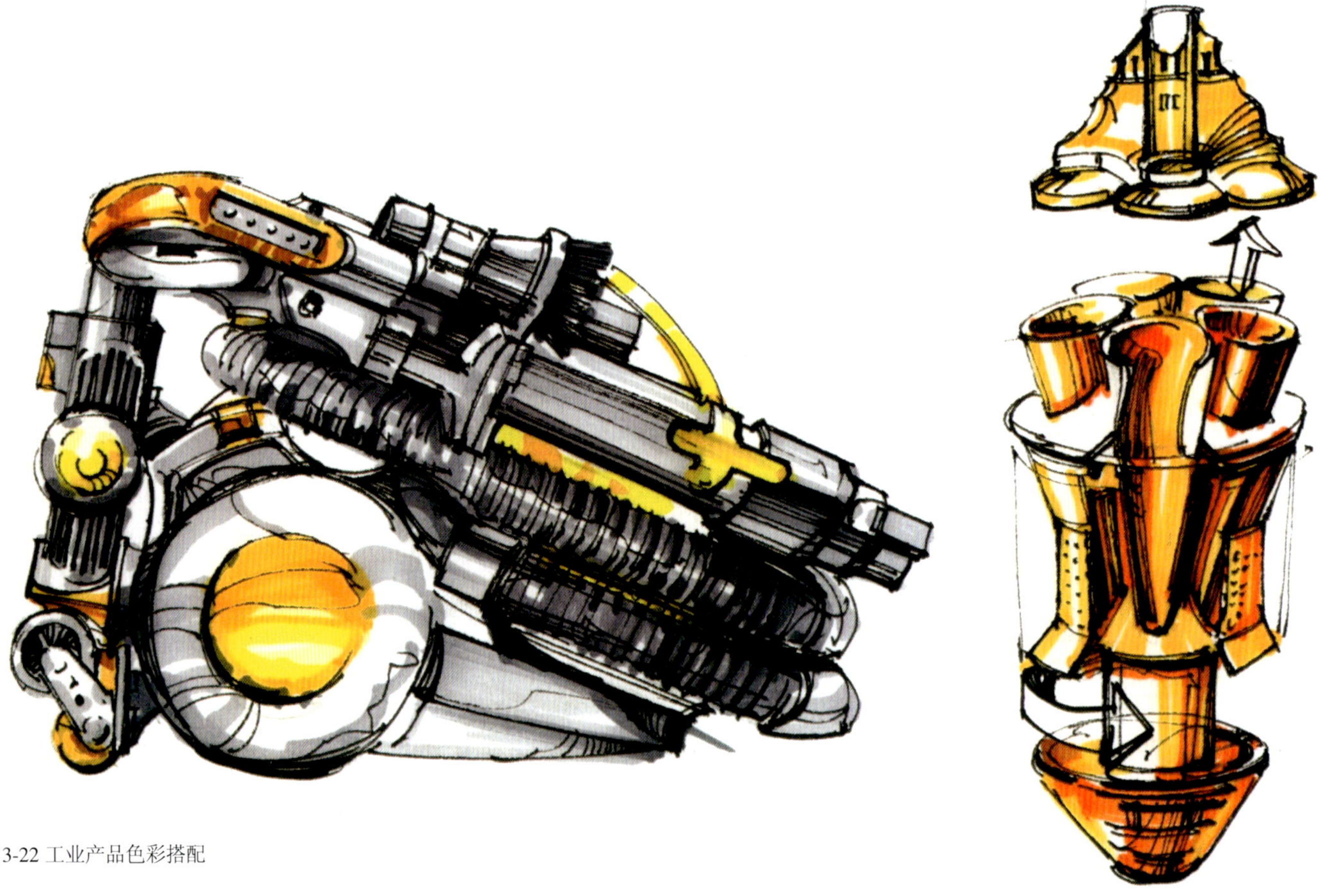

图3-22 工业产品色彩搭配

工业产品色彩设计的目的是使产品具备完美的造型效果，更好地体现产品自身的功能特点，符合消费者的心理和生理需求，为企业提高产品的市场竞争力。想要达到这一目的，途径和方法有很多种，关键是要综合地分析企业、产品、市场、环境和消费者之间的关系，突出重点，发挥优势，才能创造出更有价值、更能促进社会发展、改善人们生活方式的好产品来。

色彩美会为产品增加附加值。美国相关专业机构的调研结果显示，在产品设计中只需要增加少量成本加强色彩设计，就可以提高产品附加值百分之十到百分之三十。色彩好，产品才能卖得好。如国外的消费者在购买汽车时，除了在厂家提供的原有色彩中选择外，还会根据个人需求向经销商提出要求，更换特殊的色彩，即使多付出车价的百分之十或更多也乐此不疲。由此可见，产品的色彩美是产品价值增值的一条捷径。产品色彩的质量、标准很关键，色彩的把握、协调也很重要，优秀的产品色彩设计应该从科学、艺术、商业等多个角度来考虑。

在当代社会中，工业产品市场竞争激烈，产品的色彩美、造型美会受到更多的关注。色彩设计适宜的纯度、色相、明度既提高了产品附加值，又满足了消费者审美的、个性化的心理需求，色彩研发对挖掘消费潜力有重要的意义。同时，产品的色彩美与社会的不同经济发展阶段密切相关，不同阶段有不同的色彩审美趋向，显示了色彩的流行趋势，彰显了生活品位。对产品设计师和企业而言，要以前瞻性的目光捕捉能美化产品的、符合产品功能和消费者需求的色彩加以应用，体现工业产品色彩设计的重要价值。

思考题与习题

1. 产品透视图的基本条件是什么？
2. 如何运用正确的结构素描表现产品设计？
3. 工业产品色彩设计的目的是什么？

第四章 产品表现图的质感表现

学习目标

1. 了解产品表现图的基本概念， 熟悉表现图的基本分类和材质的表现手法。

2. 掌握常用工具对产品材质的表现方法。

3. 提高学生对产品表现图材质表现的欣赏水平。

学习重点

1.重点掌握常用材质表现的分类方法。

2.常用材料和质感的表现方法。

3.马克笔在材质和质感上的应用。

学习建议

1.平时注重对素材的积累和欣赏。

2.加强对材料质感的练习，而且要经常与老师和同学交流心得。

一、产品表现图的质感

产品表现图就是通过透视作图的方式，加上色彩和明暗的处理而绘制出来的、具有视觉真实感的形象化图形。它可以表达设计师的设计意图，相互交流设计方案，征询评审意见，是最便捷、最直接的交流手段，是一种专业性的设计语言，是创造性思维的表达过程，也是现代设计中不可缺少的重要环节之一。

（一）产品表现图质感的特点

产品表现图具有传真性、广泛性和联想性三个特点。传真性是指产品表现图要具有真实感，能忠实表达设计意图，从视觉上形象地反映出造型、结构和工艺特征。广泛性是指既然表现图具有真实表现产品特征的作用，也就自然而然地成了通俗易懂的视觉语言，能够在设计者与观看者之间建立起广泛的联系。联想性是指刻画生动的表现图能够使人们对产品产生使用状况和使用环境的联想，让设计过程得到升华（如图4-1）。

设计表现图所具有的三个特点使其在整个设计过程中起着举足轻重的作用，作为一名设计师，只有深刻体会表现图在整个设计过程中的作用，才能在设计中得心应手，充分表现产品的形、色、质，引起人们在感情上的共鸣。好的表现图不仅是好的参考资料，而且能像一件优美的艺术作品一样具有一定的欣赏价值，传真性、广泛性和联想性也成了设计师进行产品设计、捕捉设计灵感的基础和原则。

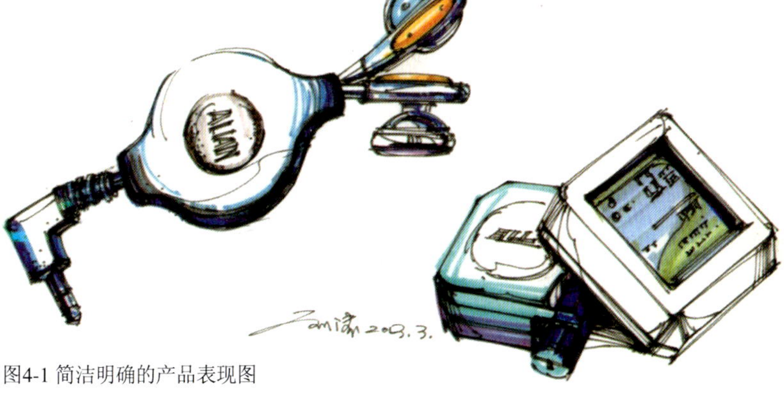

图4-1 简洁明确的产品表现图

（二）产品表现图的分类

产品表现图就是通过一定的表现手段使设计者的构思和创意通过图形语言得以展示，表达产品的形体造型、材料质感、细节创意等，便于观者了解产品设计信息。其表现形式按色彩分类，可以分为单色表现和复色表现；按表现速度来分，可以分为快速表现和写实表现；按表现形式来分，可以分为二维效果表现和三维效果表现等。

图4-2 产品单色表现

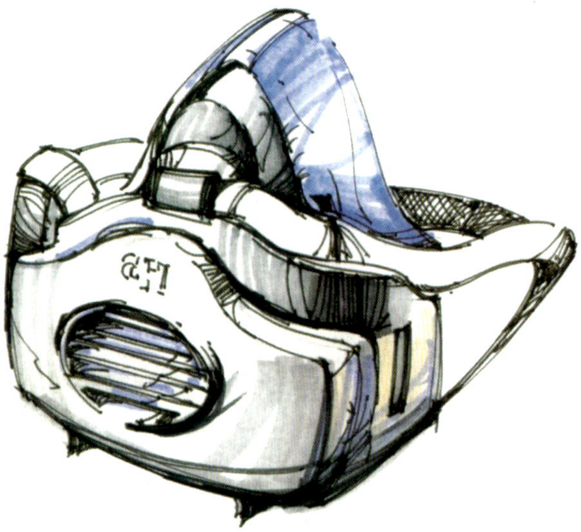

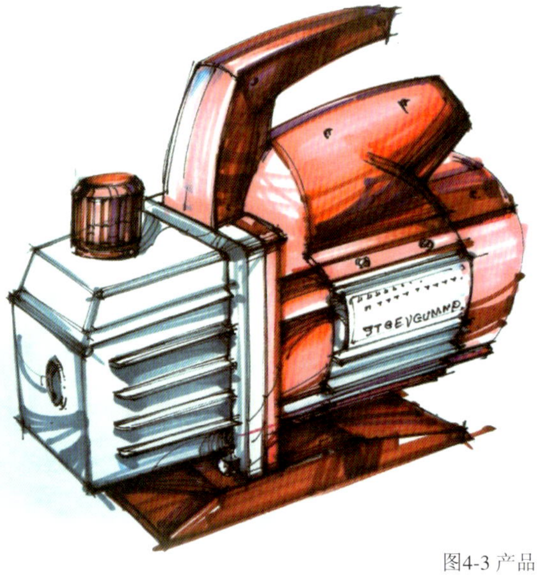

图4-3 产品复色表现

1. 单色表现

该方式就是用单一的色彩大面积上色或对局部构件进行单一色彩的表现。大面积上色通常表现整个产品，通过颜色的明度或纯度进行过渡；局部构件的表现可以起到突出表现某一局部的效果。该表现方式简单，容易掌握，重点部件的表达一目了然（如图4-2）。

2. 复色表现

该方式就是使用两种以上的色彩进行产品效果图的表达，有利于表达产品的层次结构和整体效果。但在进行表现时要注意色彩运用不宜过多，否则会使产品效果过于复杂，不能突出重点（如图4-3）。

图4-4 产品写实表现

3. 写实表现

写实表现是与快速表现相对的，是一种精细表达的手法，对产品的造型、结构、材质、投影等进行精致到位的刻画。这种方法一般在产品完全定型后才会采用，而且因为其精细的要求，决定了在时间上比较长（如图4-4）。

4. 快速表现

快速表现就是通过简单的色彩和线条快速表现产品的基本特征、形体轮廓及色彩关系，在短时间内将设计师构想的设计方案表达出来，特点是简捷、快速（如图4-5）。

图4-5 产品快速表现

5. 二维效果表现

二维效果就是通常的产品表现图，要求绘制者具备良好的绘画基础和一定的空间立体想象力，准确真实地表现产品的形态、色彩、材质、结构和光影关系等基本特征。根据产品设计阶段的不同需求，可以用设计草图、设计效果图两种形式来展现产品的预期效果。

6. 三维效果表现

所谓三维效果表现就是产品模型的制作。模型制作分为前期模型制作和后期模型制作，前期模型制作主要是表达设计构思，传达设计创意，因此不需要精细制作；后期模型制作主要是产品展示和表达产品各部分之间的空间关系、人机关系和结构关系等，同时还从整体上表达各部分的形态、结构、色彩搭配以及产品与环境的关系等。

产品效果图的分类不仅有利于资料的搜集，也有利于初学者进行专项练习。

二、产品效果图的质感表达

产品是由不同材料构成的，不同的材质具有不同的质感，所以说表现产品也离不开对材料质感的表现。材料质感的体现是工业产品设计过程中的一个重要组成部分，不同材料质地和表面处理工艺会给人不同的感受，如暖与冷、沉重与轻盈、放松与压抑等。因为人们对质感的反应往往不是靠触觉，而是靠视觉刺激以及人的阅历获得的。在效果图的表现中，材料质地的颜色、纹理、粗细、软硬、松紧、透光性等都有所不同，可以通过笔触的运用以及光影关系的处理来表现其特征，使之产生所要表达的材质感觉。

材质根据特性可以分为以下几类：透明反光材质、不透明但反光材质、不透明也不反光材质。

（一）透明反光材质

这类材质主要包括玻璃、有机玻璃、透明塑料、钻石、水晶等，此类材质的综合特点是具有透光性、反射光和折射光，高光强烈，边缘清晰，光影变化丰富。

1. 玻璃材质表现

首先用马克笔画出玻璃材质上应该出现阴影的地方，以放松的笔触表现由于玻璃对光的同向性而形成的轮廓；做好高光处理，通常是留白或采用修改液点涂；最后再处理玻璃的反射和折射效果。要注意在整个玻璃材质的表现过程中，要把握好透明效果的表达，因为透明效果是决定玻璃材质表现成功与否最具决定性的因素（如图4-6）。

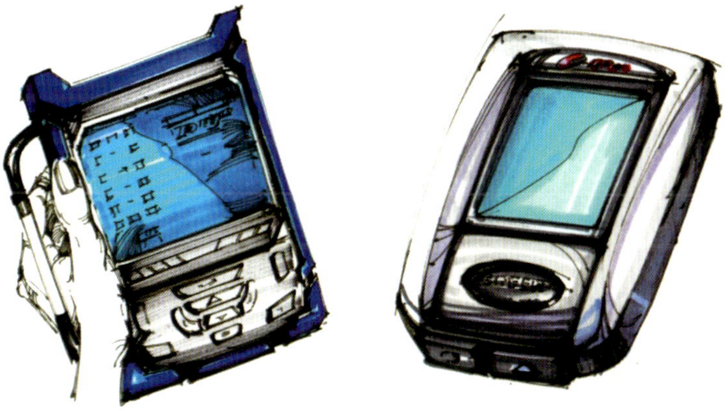

图4-6 玻璃材质的表现

2. 透明塑料材质表现

塑料材质分为透明和不透明两种，在工业产品设计中用途非常广泛，是现代生活中的各类产品使用最多的材料之一，所以说塑料质感也是表现训练的重点。塑料材质通过采用不同的材质以及表面加工工艺，可以模仿大部分材质所具有的表面特征。塑料材质的特殊性决定了其材质表现的特殊性，通常可以用表现玻璃材质的方法表现透明和半透明塑料，用表现金属的方法来表现不透明的和具有金属质感的塑料材质（见图4-7）。

图4-7 塑料材质的表现

透明塑料材质的表现类似于玻璃的表现，只不过其透明效果不及玻璃，但也具有反光、折射等特性，表现材质的步骤也与玻璃的类似，这里就不再赘述。关于不透明塑料将在后面的章节中讲到，这里也不再详述。

3. 快速表达技巧

借助环境底色和产品本身的结构，画出产品的形态，强调物体轮廓和光影变化，适当画出内部些许零部件，以表现其透明、透光的特点。比如表现玻璃的透明性一般用高光画法，在隐约画出内部结构的底色上点上高光即可，用笔要轻松、准确。一般以中明度色做底色，要注重明暗面处理和边缘线的深浅、虚实变化和反光处理。

（二）不透明但反光材质

这类材质中运用较多的有金属、陶瓷以及人造材料等，其中不锈钢、镀铬金属属于强反光材料。它们一般质地细腻，表面粗糙度值低，描绘时应注意黑白反差、明度对比等在不同环境中的变化。

图4-8 金属材质表现

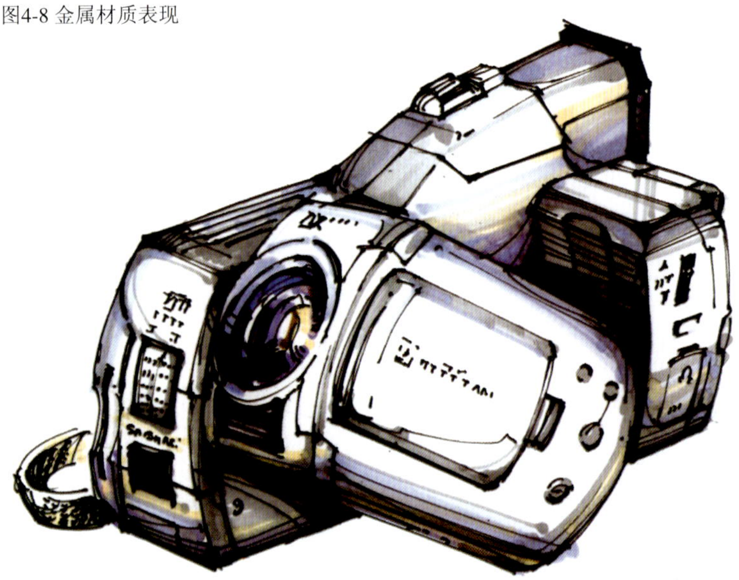

在工业产品设计中，应用最为广泛的金属材料是不锈钢材料，其次是有色金属材料。近些年来性能优异、用途广泛的合金材料的出现也为工业设计提供了更为丰富的选择。因为金属材料在产品设计中重要作用，我们必须重点掌握金属材质的表现方法。

1. 金属材质表现

金属材质表现的特点是高光亮、反光明显、色调反差强、受周围环境的影响较大，在快速表现技巧上强调明暗反差及光影对比。根据经验，此材质用马克笔表现比较好，可用色粉辅助表现细腻的反光面。

金属材质表现的步骤是：首先用较浅的颜色按光线在金属表面上的走向排布马克笔笔触，接着对背光区进行色彩的加深，然后对阴影区再次加深，用修改液对高光区进行点涂。最后，观察周围环境的颜色，在反射明显的区域适当涂上相应的环境色。

图4-9 金属材质表现

如图4-8所示，该作品是亚光金属材质展示，这种材质具有高光金属的大部分特点，不同之处仅仅在于亚光金属没有高光区，而且明暗反差相对较小。该作品的优点在于对金属规律的把握比较准，正确处理了光线对金属的影响。

如图4-9所示，该作品表现的是典型的高光金属材质，明暗对比强烈，但不反射外界景物。最亮高光处留白，最暗的地方用纯黑，中间过渡处有明暗交界线的处理。只是用笔不够娴熟，笔道稍显混乱。

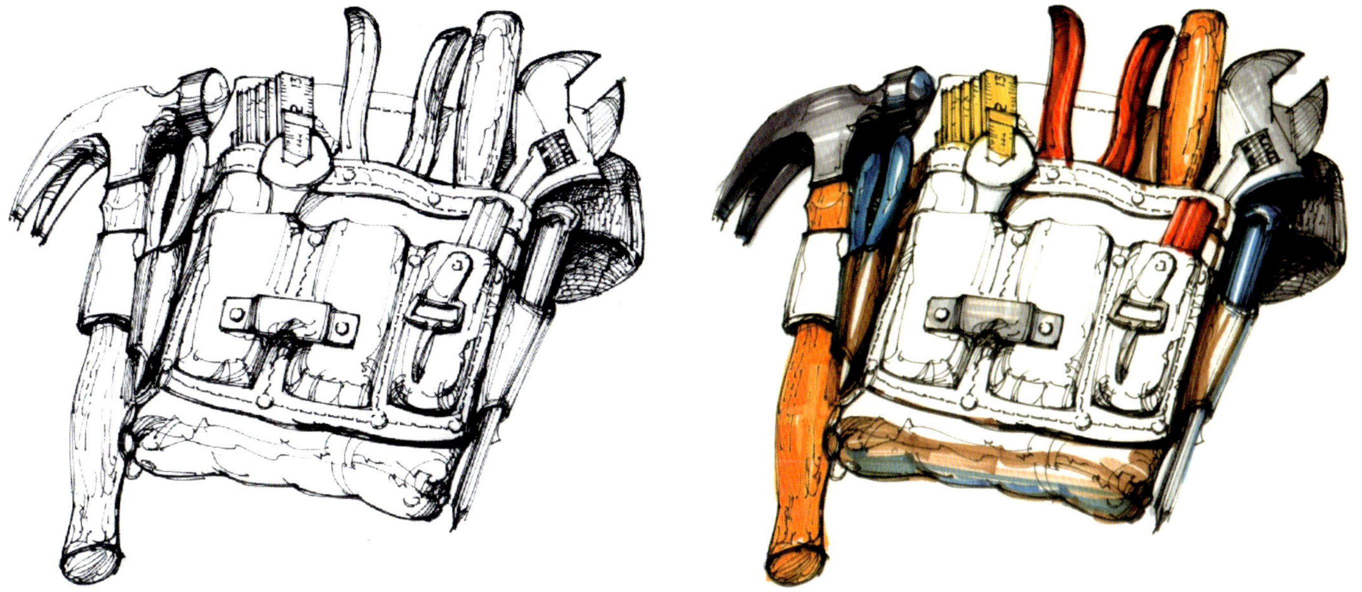

2. 皮革材质表现

皮革介于高反光材料和亚光材料之间，因此在表现处理上有其特殊之处。一般而言，在进行皮革材质表现时应该注意以下几点。

（1）对于皮质较粗糙的表面，用色应均匀、厚重，并注意纹理的刻画；对于相对光滑的表面，色彩及明暗层次可以富于变化，并表现出环境对它的影响。如图4-10所示，该图表现的是皮革的工具包，其转角柔和，显示出一定的厚度和柔软感，而且过渡自然。美中不足的是色彩的运用不能准确表达出皮革的质地。

（2）要做好皮革属性的表达，表现出该类产品柔软弹性的视觉特征，适当区分粗糙度的高低、表面肌理的粗细和纹路变化的走向。

（3）皮革的高光弱，一般没有尖锐的转角，应体现一定的厚度和柔软感，要注意明暗过渡，尽量表现出此类产品的特点，如有可能将缝制的线也表现出来（图4-11）。

图4-10 皮革材质表现

图4-11 皮革运动鞋表现

图4-12 磨砂塑料材质表现

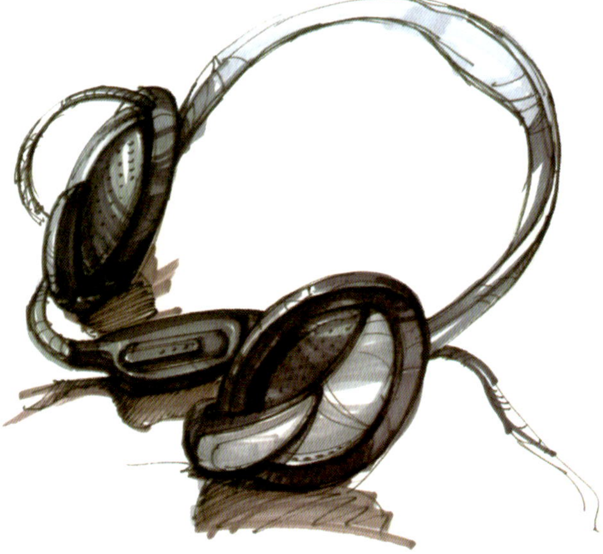

（三）不透明也不反光材质

这类材质分为硬质材料和软质材料，硬质材料有磨砂塑料、木材、石材等；软质材料有丝织物、海绵、皮毛等。它们的综合特点是吸收光线均匀、不反光、表面材质纹理明显。快速表现技巧是着色要均匀，线条流畅柔和，明暗对比要弱化，同时纹理的表现一定要到位。

1. 磨砂塑料材质

磨砂塑料也是亚光材料，其表现步骤类似金属材质，只是在表现时要注意形态曲面的明暗及色彩分离效果，调整用笔的走向。同时应注意亚光塑料没有金属材质那样的高光，它所呈现的效果往往具有硬质橡胶和石蜡的质感（如图4-12、图4-13）。所以，在用马克笔表现时应充分考虑到固有色的运用。其具体表现过程与金属材质的表达类似，这里就不再赘述了。

在快速表达技巧方面，不要用反光笔触，弱化高光，注意黑白灰柔和的对比，过渡均匀，用色以固有色为主。半反光效果用马克笔或彩铅，亚光效果用彩铅表现最好。

2. 木材与织物材质

木材是一种天然材料，储量大、分布广、取材方便，分为原木和人造板材，在产品设计中被广泛应用。因此，掌握对木材纹理和色彩的快速表达也是设计师应该具备的一种技能。常用工具对木材材质的表现种类如下。

图4-13 磨砂塑料材质的表现

（1）水彩表现。在用水彩表现木材质感时，首先调好木本色铺好底色，用细毛笔或彩色铅笔勾画木纹；然后根据具体情况适当增加高光和反光，以表现一定的光泽感；最后，对整体画面进行观察，对画面做细致的调整，使材质表现明快、真实。注意在勾画木纹时亮面或中间色区域一般较为清晰明显，而暗面或受光最强的地方及反光部分则要画得隐约和轻柔。

（2）马克笔表现。从木材质感上分析，其固有色成分很高，反光较弱，在用马克笔表现此类材质时要充分考虑其固有色的表达和材质的纹理效果。另外要注意色阶的处理，由淡到深逐步进行。马克笔的笔触特别适合直线表达，在画木纹时要做到运笔自如、笔触均匀、转折自然流畅，这就要求学生在平时的学习中多多加强对马克笔的练习（如图4-14）。

（3）彩色铅笔表现。彩色铅笔的使用方法类似普通铅笔，不同的是彩铅颜色分为多种，可以通过色彩实现材质的表现和画面层次的过渡，通过调子和笔触表现不同的层次关系。

图4-14 木材与织物材质表现

图4-15 织物与皮革材质表现

彩色铅笔对木材材质的表现步骤首先是画出产品的整体轮廓，使用适当的色彩勾画木材的纹理。这个过程要粗细均匀、过渡自然、运笔流畅，切不可使线条犹豫、曲折。待轮廓和纹理画好以后，调整彩铅角度，进行大面积的上色，确定材质的整体色调。最后适当进行调整，对色调进行加深或提亮及反光处理，使整体看起来更加真实。

对织物材质的表现在于平时的观察，能准确把握织物的特点，就能快速地把它表现出来。织物通常分为棉、麻、丝、毛和化学纤维五类，不论薄厚、质地，也无论何种颜色，其共同特点都是柔软和透气。判断一幅织物作品好坏的关键，就是看其是否准确把握住了产品的质感。因此，要熟练掌握织物材质的表现技法，才能达到理想的表现效果。

马克笔表现织物首先用最浅的颜色在勾好织物的地方上色，注意适当留白，接着用深色笔继续上色，保持笔触顺序的一致和穿插，同时注意笔触之间不能涂实，要留有空隙。对产品重点表现的地方进行更深的笔触加工，此时仍需处理好笔触的顺序，最后深化织物的纤维排列或表面图案。在用马克笔进行织物质感的表现时，针管笔或中性笔的辅助作用也不可忽略，可用其进行曲线勾画，展示织物所具有的柔软感，然后再用马克笔进行调整（图4-15、图4-16）。

图4-16 织物与皮革材质表现

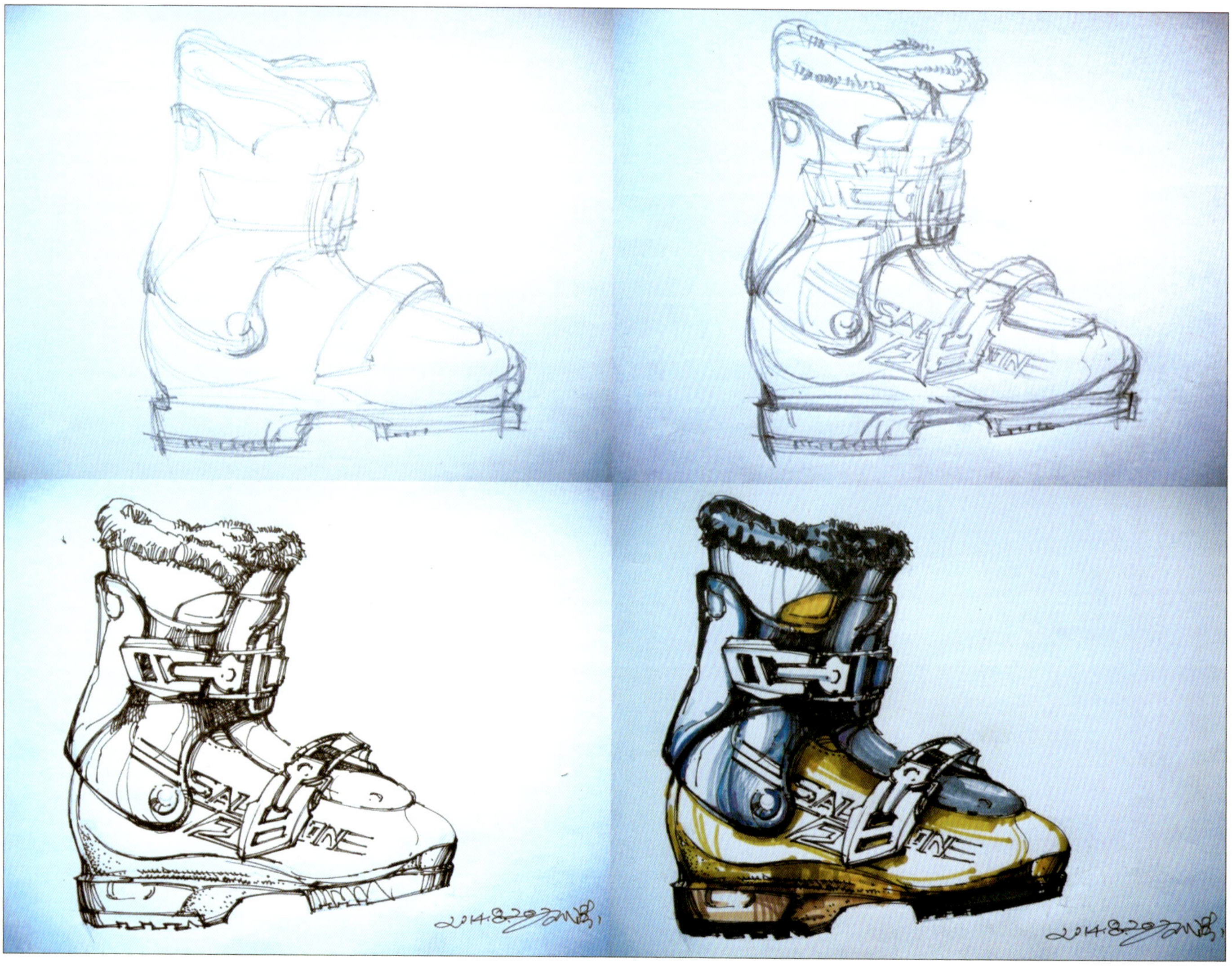

第五章 工业设计表达技法的种类

学习目标

1.展示未来工业产品的理想形象，并根据产品的特点选择表现画法。

2.采用多种材料、多种技法去表现对象，表现出产品的结构变化，使所要表现的工业产品显得更加生动、更加引人注目。

学习重点

1. 重点掌握工业设计表达常用的表现技法。

2. 加强对设计规律、表达目的的深刻理解。

学习建议

1.一幅优秀的效果图不是仅用一种技法画出来的，而是多种技法综合训练的结果。效果图表现技法种类很多，每种技法都有各自的特点，可根据产品的特点选择画法。

2.工具和材料对表现图而言只是手段，而非目的。在材料的选择上不必过于拘泥，只要符合表现图技法学习的要求与效果，任何材料皆可运用。

一、普通铅笔表现技法

普通铅笔表现一般有两种方式，其一是线描画法，以线条的勾勒将产品表现出来，用笔可分轻重、缓急，线条生动，富于变化。其二是明暗画法，以线条排列为主要形式，表现产品的细微变化，可将光影表现得极为深入（图5-1、图5-2）。

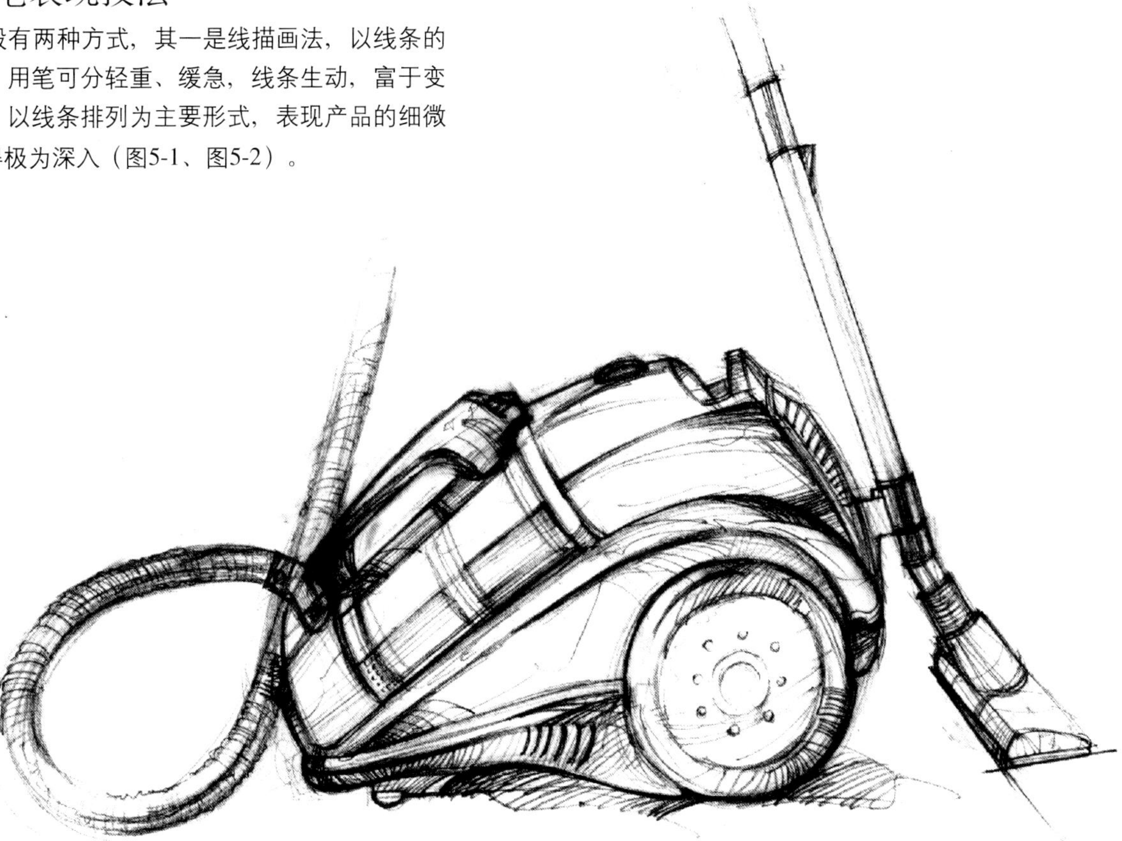

图5-1 普通铅笔的产品表现

图5-2 普通铅笔的产品表现

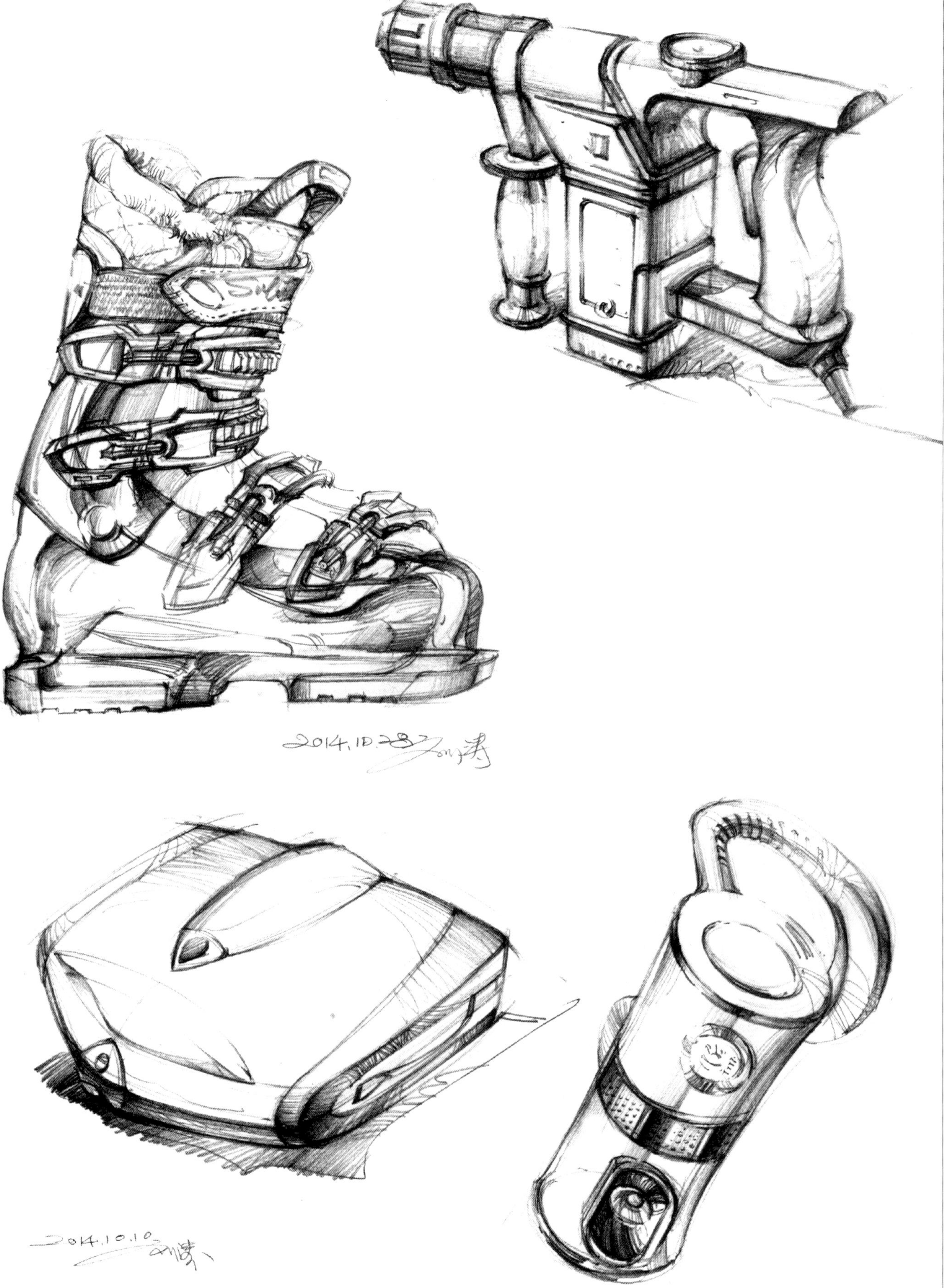

此外，普通铅笔表现还可辅助应用水彩颜料，在已完成的铅笔画上涂抹一层淡淡的水彩。如此不但能保有原来的铅笔色调及笔触趣味，更能增添画面的色彩变化，使作品的表现更丰富。在上水彩时，应避免过浓、过深的颜色，否则易将原稿的铅笔笔触盖掉。也不可用水彩多次涂抹，以免色彩灰涩，笔触模糊。

普通铅笔表现的基本技法比较简单，依笔触形状（线条）的不同，可分为以下几类（如图5-3～图5-6）。

（1）直线笔触。用笔时线条刻意画直，即成直线笔触。直线笔触排列时，会给人一种清爽整齐的感觉，但易流于呆板。因此可适度调整线条的方向变化，以增加活泼感，但不可过度，以免显得杂乱。

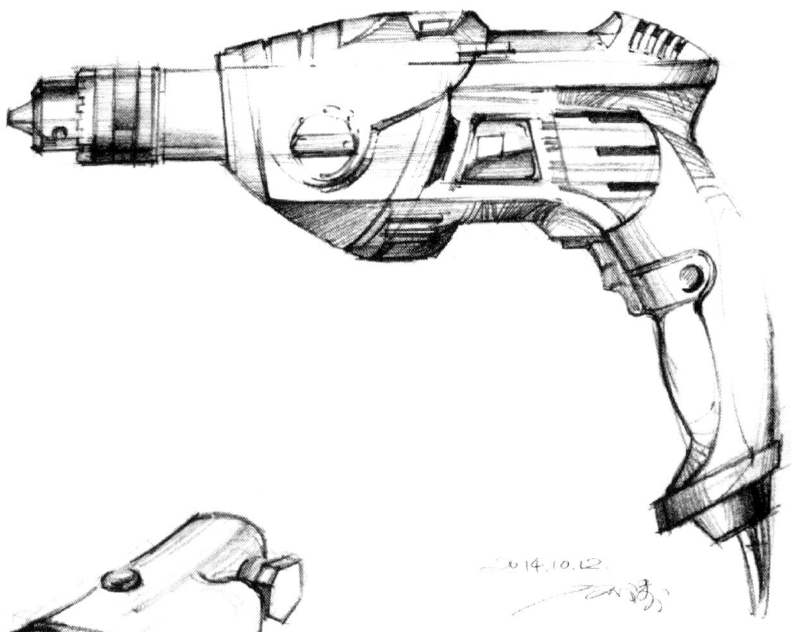

图5-3 普通铅笔的笔触表现

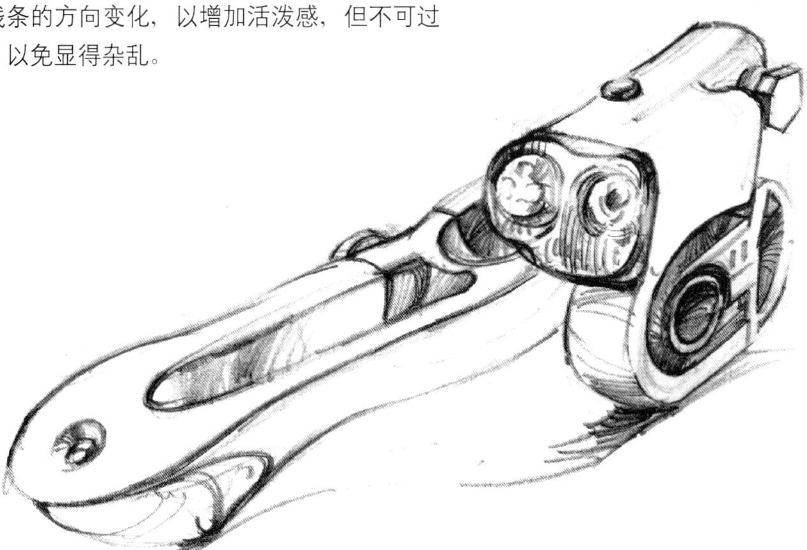

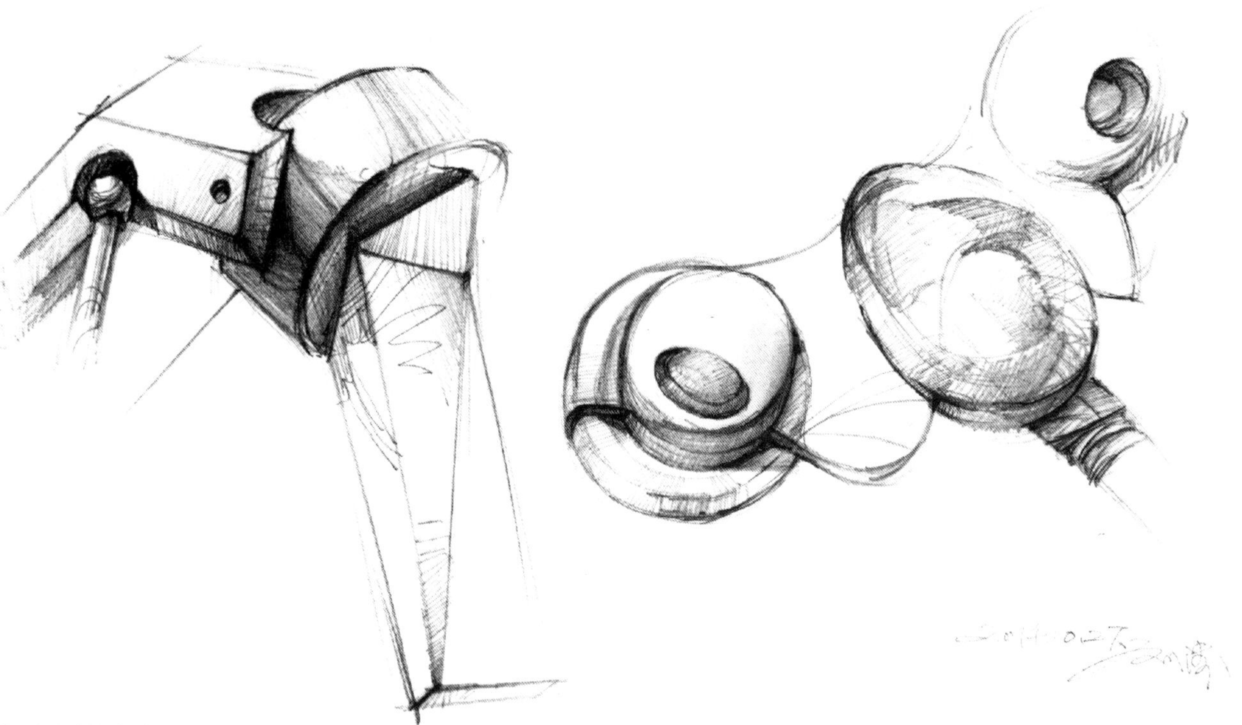

图5-4 普通铅笔的笔触表现

（2）曲线笔触。将线条弯曲即成曲线笔触。曲线具有优美、柔软的特性，但比直线难控制，因此要多做练习，直到各种曲线转折极为顺畅，才能表现这种笔触之美。

（3）不规则笔触。任意用笔涂画，即成不规则笔触。不规则笔触的应用能增加画面的变化，使人感觉生动活泼，但也易陷入混乱的地步，要掌握好尺度。

（4）点状笔触。利用笔尖敲点纸面，即形成点状笔触。描绘时刻意变化用力的方向，便能产生不同形状的点状笔触，如圆形、小三角形等，适合表现琐碎复杂的产品。

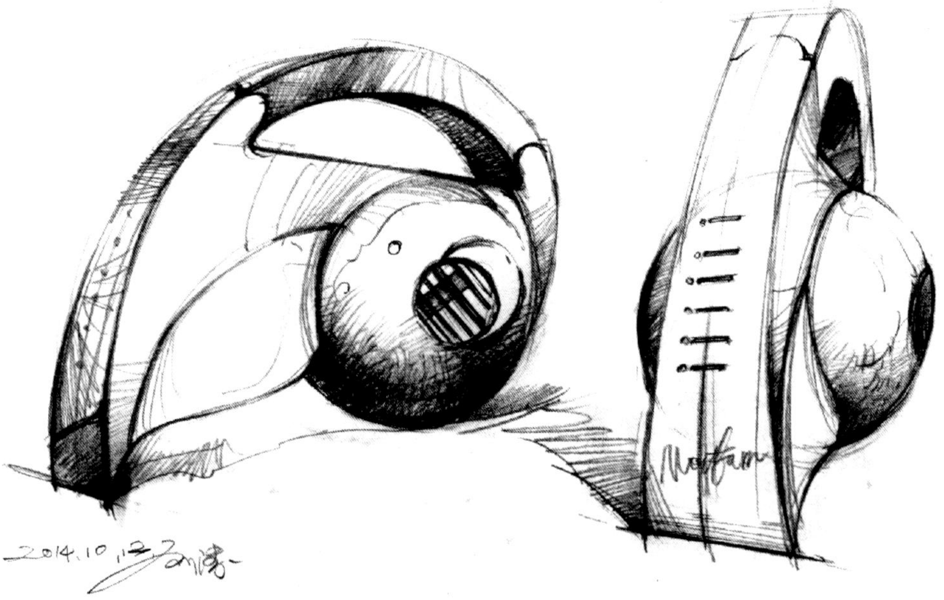

图5-5 普通铅笔的笔触表现

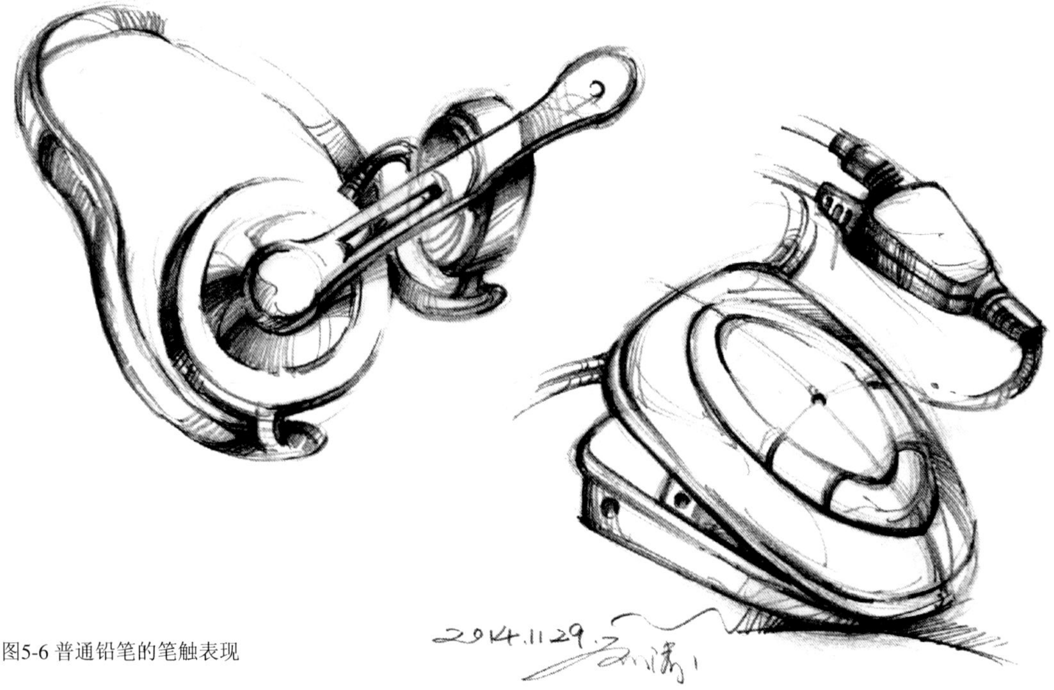

图5-6 普通铅笔的笔触表现

（5）连续笔触。这是指用笔来回快速地绘出直线或曲线线条的笔法。由于快速来回移动，故能很快绘出一个色面，但是较难控制线条的形状及色面的范围，需要绘制者具有一定的速写功底。

二、彩色铅笔表现技法

彩色铅笔是一种非常容易掌握的涂色工具，颜色有很多种，在各类型纸张上使用时都能均匀着色，画面效果清新、淡雅，需要轻微修改时可用橡皮擦去，有12色系列、24色系列、48色系列、72色系列等。

彩色铅笔分普通彩铅和水溶彩铅两种，水溶彩铅如果不用水溶画法，只是用干画法涂调子，与普通彩铅没有太大区别。一般来说含蜡较少、质地细腻的彩铅为上品，含蜡多的彩色铅笔不易画出鲜丽的色彩，容易打滑，而且不易画出丰富的层次。另外，水溶性彩色铅笔亦可以结合水分的渲染，画出一些特殊的效果。彩色铅笔不宜使用太光滑的纸张作画，一般用绘图纸、水彩纸等有一些表面纹理的纸张作画比较好。不同的纸张亦可创造不同的艺术效果，学生可以多做一些小实验，在实际操作中过程中积累计经验，这样就可以做到随心所欲、得心应手了。尽管彩色铅笔可供选择的余地很大，但在作画的过程中总免不了要进行混色，以达到所需的色调。彩色铅笔的混色主要是靠不同色彩进行叠加，反复叠加可以显现出丰富微妙的色彩。

用彩色铅笔来绘制工业设计效果图非常适合，可以取得非常好的效果。这种画法的基本顺序是在单线稿完成后，用彩色铅笔画出产品的固有色和形体的体面转折、空间层次等素描关系。这种表现方法着色时由浅入深，分层进行，一点一点逐步达到理想的效果。使用彩色铅笔绘制的工业产品效果图特点是画面干净利落、结构清晰、色彩变化柔和细腻，但是光影与明暗对比效果则要比采用马克笔绘制的画面轻柔。

图5-7 彩色铅笔的汽车表现

当然，彩色铅笔效果图也有其局限性，由于这种材料的性质，决定了其不适合绘制大幅的产品效果图。另外，水溶性彩色铅笔的价格要比一般彩色铅笔贵一些。

（一）彩色铅笔表现技法的特点

彩色铅笔与其他绘画工具相比，它的突出特点（也是优点）是设计师对调子的细微变化和层次的把握较为容易，即使是学生上手也很快。这跟彩色铅笔的硬质材料有关，设计者只靠运笔力量的大小便可画出色调的深浅变化。这种特点使其在表现写实性很强的产品效果图方面相对好把握一些。单从技法上看，掌握它主要靠设计者的素描功底，如果素描能力较差，彩铅效果图就无法画好。

彩铅的弱点是它的颜色种类有限，许多色彩及灰色调无法表现出来。另外，彩铅的颜色（主要指某些纯色）与水粉或水彩画出的颜色相比，在鲜艳度上略逊一筹。

1. 彩色铅笔和纸张

（1）笔。彩色铅笔的着色性是设计师和学生选择购买的主要依据。从目前的市场上看，水溶性彩铅的着色性要比普通彩铅好，而且水溶性彩铅的颜色之间能相互交融调配，普通彩铅由于含蜡较多，在这方面则较难做到。

（2）纸张。彩铅画法的纸张一般是根据所画对象的质地、肌理来选择的，如画较光滑的材料质感，可选用质地细腻、纹理均匀的绘图纸；如画较粗糙的材料质感，可选用有些纹理的水彩纸。

2. 彩色铅笔的两种表现形式

其一是在笔墨线稿的基础上直接用彩色铅笔上色，着色的顺序是由浅渐深，用笔要有轻、重、缓、急的变化。其二是与水粉水彩颜料相结合，在已渲染好的形态及底色上对所要表达的内容进行深入、细致的刻画。

绘制彩色铅笔的表现图需要很强的耐心与细心，一般着色方法有平涂和排线两种。排线时要均匀、密实，以形成色块和耐看的肌理效果。此外，彩铅的颜色呈现半透明性，叠色和混色都可以组合出无数变化。因为是半透明材料，所以应该先浅色后深色，不可急进，否则画面容易深色上翻，缺乏深度。最后着色的时候可以把颜料颗粒用力压入纸面，呈现些许混合效果，很是动人（如图5-7、图5-8）。

图5-8 彩色铅笔的烟缸表现

画纸最好是选择有一定厚度的纸板，因为后期可以用砂纸和小刀刮出细小的亮部，得到意想不到的效果。另外一种材料就是半透明的硫酸纸，因为可以正反两面着色，所以可以收到虚实相生之效，细腻柔润。

（二）彩色铅笔的表现步骤

1. 构图与起稿

用较硬的铅笔将构思好的产品形象轻轻画出来，包括形体结构线、装饰件等。要尽量做到所勾画的造型符合设计要求，产品大小和位置在画纸上安排得当。

2. 上色

图5-9 彩色铅笔与马克笔的混合表现

首先根据设计构思找准基本色彩倾向，从大的结构处和暗部开始涂第一遍色。在上色过程中，颜色不要一次画得过深，同时还要注意比较不同部位暗部的明度差，将相互关系画对。上第二遍色时由深及浅加深一些，同时画出一些深灰（明度）调子和次要结构的浅调子，浅调子部位的色相往往与暗部的色相有所区别。上第三遍色时既可以从重点部位开始着手刻画，也可以从大的结构处和暗部画起。这一过程主要是用灰调子和浅调子较深入地刻画形体结构以及较小的部件。在画的过程中，要注意不同部位灰调子之间的明度差。

3. 深入与调整

深入阶段要对产品进行充分刻画，包括结构、形态、质感等诸多细节，形成丰富的调子与层次。如棉麻织物没有高光，皮革、金属、玻璃都有高光，但又有所区别。高光处理把握得如何，直接关系到材料质感的表现效果（如图5-9）。

受各种因素影响，在绘制过程中难免顾此失彼。因而，需对整个画面进行调整，调整的内容有形体结构是否准确，材料质感是否表现出来、明暗关系是否整体等。

（三）水溶性彩色铅笔的用法

水溶性彩色铅笔属于彩色铅笔的一种，颜色很清透，附着力比较强，明暗与深浅只要力度不同就能得到控制。颜色可混合使用，用毛笔蘸水可以晕开，能够产生富于变化的色彩效果。其优点是比绘画中最难画的水彩画容易掌握，表面粗糙的纸张都是画此类作品的好选择。

（1）先用很硬的铅笔起形，然后用彩铅打底稿。

（2）用花枝俏或是小白云蘸水上一遍，深色和浅色要用不同的笔。

（3）纸干后再用彩铅一遍遍上色，然后在有些地方上水。切记每次上色前一定要等纸干透，特别是浅色部分。

（4）最后用浅色的彩铅上一层固有色，笔要削尖，不用再上水了，必要的地方用白色提亮一点。

三、色粉表现技法

（一）色粉画的艺术特点

色粉是一种干性色粉条，可刮成粉末或在粗砂纸上磨成粉状，用棉布或绵纸蘸色粉在画纸上涂画。色粉表现细腻、过渡自然，对反光透明体和光晕的表现简单有效，色泽纯净、明亮，可涂出颜色的退晕和虚实变化，但要避免来回多次涂抹。利用橡皮可在其上擦出各种微妙的高光，十分便利。色粉的效果类似于喷绘画法，但速度快得多（如图5-10、图5-11）。

色粉对纸张要求比较随意，白纸及有色纸都是容易上手的纸质。但如果要表现细腻光滑、反光强烈的产品材质，80克左右的硫酸纸使用起来较理想。粉画层次过渡柔和丰富，可在正反面涂抹，掺入一点婴儿爽身粉，可起到润滑作用，再用柔软的餐巾纸、脱脂棉涂抹。两块颜色的交界处需要用不干胶带纸隔离，以形成两个色块的对比度。次亮部分、反光部分可以用橡皮擦出白纸的底色，看上去自然、轻松，当然也可覆盖白色。粉画的特点是方便、快捷，但也有它的弱点，粉质容易脱落，作画过程需要依次序喷洒固定液，使色粉得到固定和保护。

粉画纸一般以灰绿、棕色、灰蓝、乳黄等中间色或偏灰的亮色作底色，为作者充分利用底色、较快地统一画面色调提供有利条件。因此，粉画作者应该把选择纸张的色泽冷暖作为整个产品效果图构思中的一个组成部分来考虑。

图5-10 色粉的汽车表现

（二）色粉表现图的基本技法和步骤

1. 起稿

首先在色粉纸上用铅笔或细的签字笔起稿，然后用马克笔在纸的背面将重的阴影和边缘线绘出。在色粉纸上贴好低黏度薄膜，根据绘制的要求用专用刻刀将要着色的部分刻出并取下。

2. 着色

（1）用刀把粉棒刮成很细的粉末，然后加入20%左右的辅助滑石粉，并混合均匀。

（2）用色粉专用棉条将辅助色粉轻轻涂在纸的表面，这一步是为上色作准备，以便在着色时比较光滑、顺畅。

（3）用色粉专用棉条将已调好的色粉颜色用力擦到纸面上，要由浅入深逐步着色。上色时首先将产品最大的过渡面画出，然后再进入细节刻画。

（4）对已上好色的部分满意之后，用色粉定画剂固定。这一步十分关键，一是可以起固定画面的作用，二是便于在画过的部分上再上色。

（5）大的颜色和明暗关系表现完了之后，就进入细节刻画。有时需在纸背面刻画，以增强画面效果。

（6）对已完成的图面进行调整，为了整体的统一，对不同的区域进行增强或减弱。

图5-11 色粉的汽车表现

图5-12 色粉的汽车表现

3. 背景上色

首先用低黏度薄膜将画面的主体遮盖住，再用马克笔添加剂与色粉相结合快速涂于画面。笔触要轻松奔放，起到烘托气氛的作用。

4. 装裱

因为色粉专用纸是半透明的，所以要用白色卡纸作为衬纸。用色粉定画喷剂将画面固定后，用低黏度喷胶将已绘制完成的画稿贴于衬纸之上，这样一张色粉表现图就完成了。

以上介绍的是色粉表现图的基本技法和步骤，比较易掌握，只要掌握要领就可得到满意的效果。

（三）色粉的作画方法

1. 直接画法

这种方法是直接用笔以点、线、面并置上色，用准确的线条和色块来塑造产品形象，颜色不加混合与覆盖。这一画法速度快、有激情，画面痛快淋漓、一气呵成，能发挥粉画色相丰富的特色。直接画法一般层次较少，粉末也较薄，留下的笔触生动清晰。这就要求作者下笔准确，有一定的力度，手腕要有弹性，能灵活用笔。由于粉画不需要事先调色，而且常在有底色的纸上作画，因此原色加上透出来的底色实际上在视觉上已经产生了色彩的调和。这样的画法既可以画得快速、简练，也可以画得很细致、很深入，纸质以较细的为好。

2. 多层画法

多层画法就是非一次性完成，而是用多次重叠的方法来完成。这种技法要先有比较严格的轮廓造型基础，然后进行铺色，也是先深后淡、欲暖先冷、欲冷先暖，逐步加亮色调，这样色彩才会有透明感。可以利用笔的轻重，在前面的颜色基础上进行部分覆盖。有时候还可以轻轻用笔，露出一部分纸的底色，形成一定的肌理。这种画法表现力强，色调的过渡非常微妙，能收到浑厚、凝重、沉着、耐看的艺术效果（如图5-12）。

3. 揉擦

如果表现非常光滑的产品，适当运用揉擦的方法可以取得很好的效果，可以使材料的质感显得十分细腻光滑。某些微妙的色彩只需轻轻一揉，立刻可以搞定，还显现出半透明的感觉。粉画的特色就是下笔的轻重能在纸上产生出明度、色度的变化，尤其是经过揉擦的部分，色彩的调和更加丰富。但是这种方法必须重视结构的表现，不然造型会显得软弱无力，纸的纹理也易被腻死。而且也不适宜揉擦过多，太多了会显得太甜腻与俗气。

有些设计师会将这三种方法同时应用于一幅画中，让画面更加丰富多彩，充满韵味。有时还在局部加些水彩与水粉画颜色，以增强画面效果。粉画有个最大的好处就是只要色彩基本正确，一般是不会脏的。但是如果加的次数太多，或者是在淡色上加了深色，也会发腻、发灰、发粉，这一点要特别注意。每个画种都有自己的特点，粉画自然也有自己特殊的魅力，如果把粉画画得完全像国画或是油画也没有意思，就像是用钢琴去模仿敲锣打鼓一样，学得越像越失败。

四、钢笔表现技法

钢笔是通过单色线条的变化和由线条的轻重疏密组成的灰白调子来表现物象的，其特点是用笔果断肯定，线条刚劲流畅，黑白对比强烈，画面效果细密紧凑，对所表现的产品既能做精细入微的刻画，亦能进行高度的艺术概括。

（一）钢笔画的基础技法

1. 线条练习

钢笔画的线条非常丰富，直线、曲线、粗线、细线、长线、短线等都有各自的特点和美感，而且线条还具有感情色彩，如直线——刚硬，曲线——柔美，快速线——生动，慢速线——稳重等（如图5-13）。

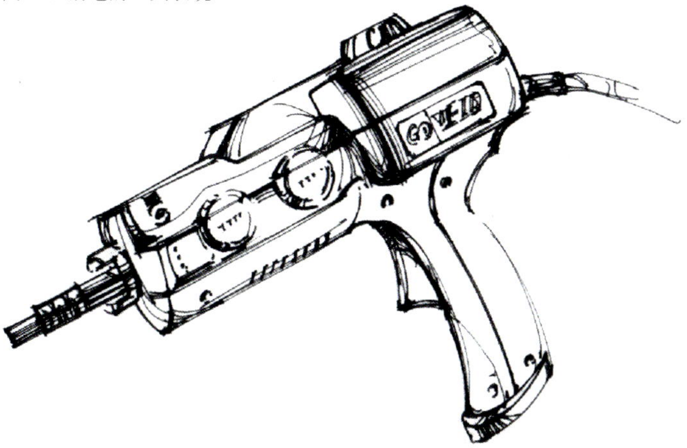

图5-13 钢笔的工具表现

2. 质感表现

钢笔线条通过粗细、长短、曲直、疏密等排列组合，可体现不同的质感。钢笔画重要的造型语言是线条和笔触，线条的轻重、缓急，笔触的提、按、顿、挫都各有神采。钢笔画线条要明确、肯定，下笔尽量一气呵成，不做过多修改，以保持线条的连贯性。可以运用点、线、面的结合，简洁明了地表现对象，适当加以抽象、变形、夸张，使画面更具有装饰性和艺术性。绘制钢笔表现图应注意的是，钢笔画受工具和材料的限制，绘制的画幅不宜过大，否则难以表现。选择的纸张以光滑、厚实、不渗水的为好，一般绘图纸、白卡纸即可。

（二）钢笔淡彩

钢笔淡彩是钢笔与水彩结合，利用钢笔勾画出产品结构，运用淡雅的水彩体现产品的色彩关系，从而获得生动活泼的画面效果，是快速表现中常用的技法之一（如图5-14、图5-15）。

钢笔淡彩表现题材非常广泛，从生活日用品、家用电器、家具、室内设计、器皿设计到交通工具、机床造型设计等，而且在设计表现中具有较强的伸缩性，如从最初的设计雏形——单线草图，设计的展开——单线施以淡彩，到更严谨的透视预想图——深入刻画，都可以用钢笔淡彩加以表现。有些日本及欧洲的设计师们直接在三视图（正投影）上勾线着色，作为设计预想图，效果甚佳。

1. 工具和材料

钢笔淡彩的主要工具和材料是钢笔和照相透明水色（或彩色笔墨水）以及碳素墨水、水粉笔、毛笔、板刷、调色盘等。需要说明的是，钢笔可以选用大笔尖的老式钢笔，将钢笔尖向外折成130°左右的角度，使其能画出粗细两种钢笔线。这种钢笔灌入碳素墨水后，出水流畅，不易堵塞。也可以采用一次性的油性绘图笔，从0.1mm ~ 1.2mm各种粗细的都有。

图5-14 钢笔淡彩的产品表现

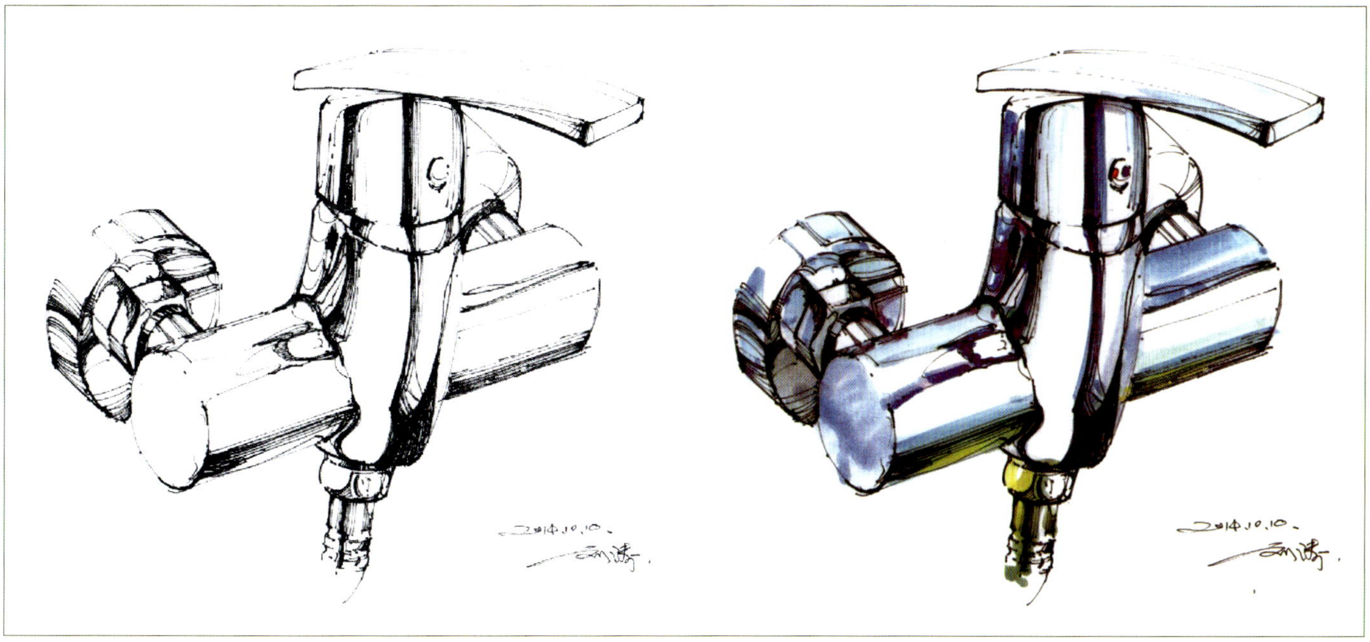

图5-15 钢笔淡彩的汽车表现

2. 绘制方法

钢笔淡彩的绘制要注意物体的轮廓和空间界面转折的明暗关系，用线要流畅、生动，讲究疏密变化。着色时留白尤为重要，不要画得太满；色彩应洗练、明快，不宜反复上色，来回涂抹，深色的地方要尽量一气呵成。要讲究笔触的应用，如摆、点、拖、扫等，以增强画面的表现效果。

下面以一个电饭煲的作画步骤为例。

（1）先用铅笔在裱好的纸上准确画出产品透视图，并略分一下明暗关系，然后用钢笔仔细勾勒产品结构轮廓线。

（2）在完成好的线条图上用适当大小的棕毛板刷铺颜色大关系，第一遍颜色不宜过重，由浅入深，将环境与主体一起画一遍。

（3）待第一遍颜色完成后，趁底色还未完全干时将电饭煲的边缘处理好，将物体受光与背光的明度对比逐渐加强。

（4）在作画中始终注意整体的大关系，不要拘泥小节，从整体上塑造产品的立体感，即受光面与背光面阴影的关系，从而正确表现材料质感和色彩。

（5）用薄白水粉提出反光与受光最亮处，然后用厚白水粉点出高光点。这一步是画龙点睛的步骤，应认真对待。

（6）最后再调整一次画面的大效果，如重量不够的地方加深，画面不透气的地方用薄白水粉压一下（如图5-16）。

图5-16 钢笔淡彩的产品表现步骤

五、水彩与水粉表现技法

（一）水彩表现技法

水彩具有透明性好、色彩淡雅细腻、色调明快的特点，水彩着色一般由浅到深，亮部和高光需预先留出。绘制时要注意笔端含水量的控制，水分太多，会使画面水迹斑驳，色彩灰花；水分太少，则色彩枯涩，透明感低，影响画面清晰、明快的感觉。此外，画面笔触的体现也是丰富画面的关键，运用提、按、拖、扫、摆、点等多种手法，可使画面笔触效果趣味横生。

1. 水彩表现的基本技法

（1）平涂法：调配好一种颜色，大面积均匀上一遍，要点是注意水分的控制，运笔速度快慢一致，用力均匀。

（2）叠加法：在平涂的基础上按照明暗光影的变化规律重叠不同种类的色彩，要点是叠加要待前一遍颜色干透后再叠加上去。

（3）退晕法：通过在上色的过程中对水分的控制达到色彩渐变的效果，要点是体现出色彩的渐变层次，不留下明显的笔痕。

（4）干画法。在水彩的众多技法中，干画法是最主要的方法之一，几乎每张水彩作品都会不同程度地运用干画法。人们对干画法有一个理解误区，以为就是少用水。其实正确的方法体现在色块相加上，必须要在前一色块干透后再加下一遍色，相互不能融合。

（5）湿画法。这是水彩画最典型的技法，能够充分地发挥水彩的性能，表现效果柔和润泽、色彩迷离，非常有感染力。湿画法可以分为两种：一种是将纸全部打湿，在湿纸上画，用色需要饱满到位，最好一气呵成，遍数不能过多。这种技法的掌握有些难度，需要一定的经验。另一种方法是将需要画的部分用笔水分淋漓地快速铺色，在未干时加入其他的色彩和笔触，使之相互融合。

2. 水彩表现的绘制方法

要充分发挥水彩透明、淡雅的特点，使画面润泽而有生气。在作图过程中，必须注意控制好物体的边界线，不能让颜色出界，以免影响形体结构。留白的地方先计划好，按照由浅入深、由薄到厚的方法上色，先湿画后干画，先虚后实，始终保持画面的整洁。色彩重叠的次数不要过多，否则色彩将失去透明感和润泽感而变得模糊不清。

水彩画技法的关键在于用水、用笔和用色以及这三者的配合，就水彩画的特点而论，主要是水分的把握。因此，水分的运用是水彩表现技巧中很关键的因素，产品造型的虚实、色彩的衔接和转换、气氛的渲染全靠水分的运用，例如画实的东西、前后分开的物体、清楚的轮廓，每笔之间的水分就不能衔接，以免“跑”了。而画虚的东西，如背景、陪衬物等就需要在底子湿的情况下或邻近部位没干的时候落笔。但湿到什么程度落笔才恰到好处？这就需要掌握好时间和笔上的含水量，过早会“跑”了，过晚又会出现“硬边”。水彩技巧难，就难在这里。恰如其分地掌握用水，要靠丰富的实践经验（如图5-17～图5-19）。

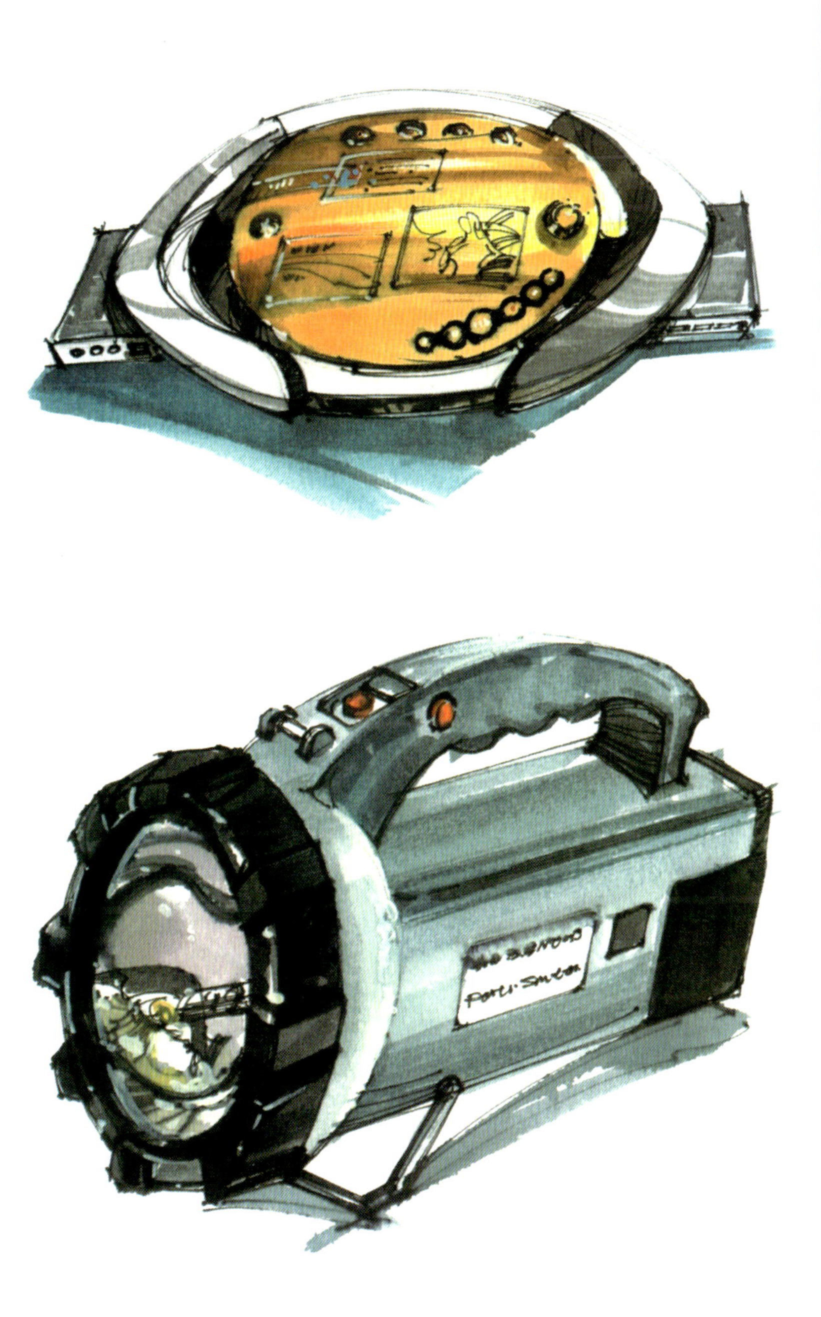

图5-17 水彩的产品表现

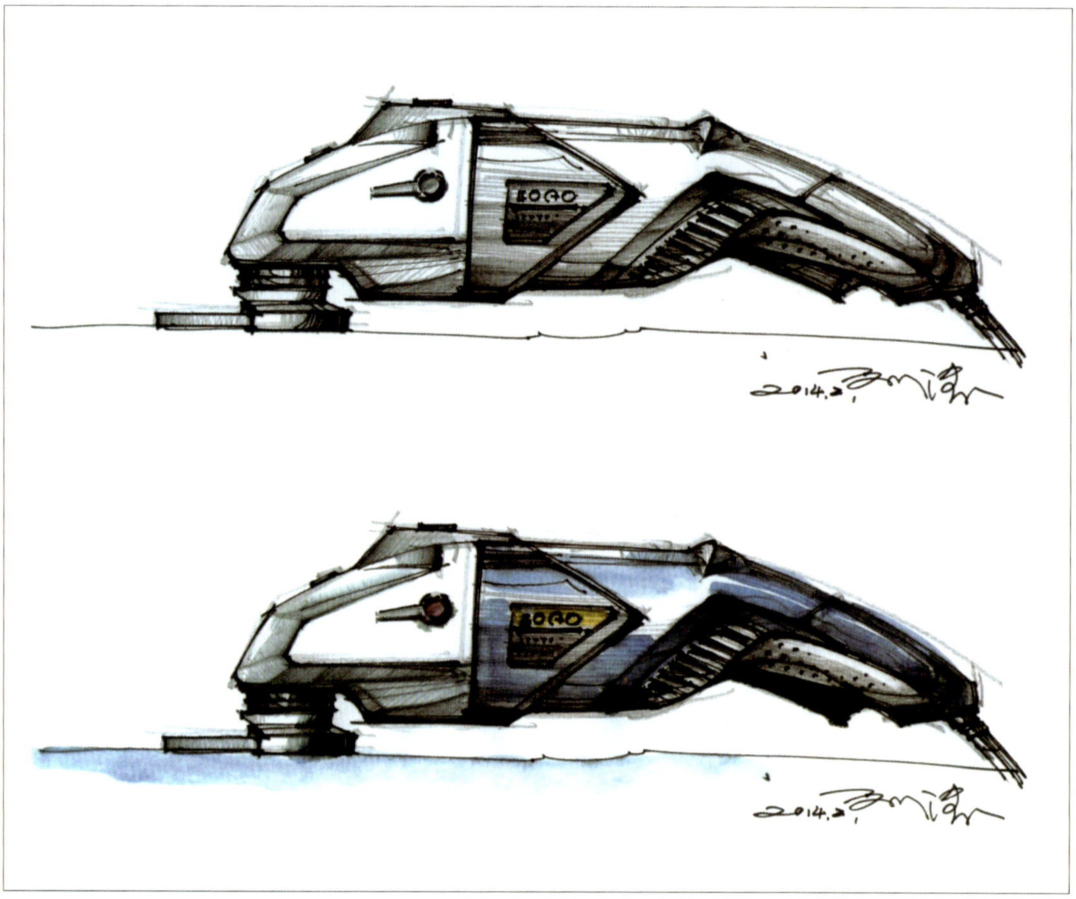

图5-18 水彩的产品表现

掌握水分的关键是把握好时间和笔上的含水量，在刚画完第一遍，纸还很湿的时候立即加第二笔，就会“跑”。如果在水稍稍渗到纸里去的时候加第二笔，而笔上的含水量不过多，且颜色较浓，就可以产生较含蓄的轮廓。如果等第一遍全干了以后再加第二笔，就会产生非常生硬的边界。如果第一遍没有完全干透或干湿不匀，第二笔的含水量又过多，就会冲破轮廓产生“花”的水渍。检查画面水分的湿度可以从侧面看纸面上是否有反光，有反光说明纸面上的水还未完全被吸收，没有反光就说明水已渗入纸里，这时加第二笔就会出现虚的边界。

图5-19 水彩的汽车表现

（二）水粉表现技法

1. 水粉表现特色

水粉颜料在我国有多种称呼，如广告色、宣传色等，属于水彩的一种，即不透明水彩颜料。其由于色全价廉，易学易用，常用作初学者学习色彩画的入门画材，用法可以参考油画技法。水粉是一种覆盖力很强的颜料，由于具有不透明性，画面着色前一般不需要用针管笔画线稿，也没必要画太详细的铅笔稿，只需用铅笔画出简单的透视及轮廓即可。

图5-20 水粉的电话表现

水粉颜料色泽鲜艳、浑厚，用水调后作画，便于大面积涂覆，是从事各种专业设计工作的人员经常采用的画材。水粉画表现细腻、精确、可控制性强，能将被表现物体的造型特征精致而准确地表现出来。 水粉明度的提高是通过稀释、加粉或含粉质颜料较多的浅颜色来实现的，水粉颜料湿的时候颜色的饱和度和油画颜料一样很高。而颜色干透后，由于粉的作用及颜色失去光泽，饱和度大幅度降低，这就是它颜色纯度的局限性。由于水粉颜料的干湿变化非常大，往往有些颜色只加少许的粉，在湿时和干时明度就表现出或深或浅的差别，这就是水粉颜料的干湿反应。鉴于水粉干后颜色普遍变浅，所以运用好“粉”是水粉画技法中最难解决的问题，但含粉的色彩恰恰又是水粉画特有的品质，不可或缺。

水粉颜料有很强的塑造能力，虽然也是用水来调和，但却是依赖向色彩中添加深色或浅色调整明暗关系。所以，其对用水量的控制以及加色的技巧要求很高。加水太多，色块不易涂均匀；加水太少则干涩，拉不开笔（特殊质感表现除外）。在颜色的运用过程中最好不要用太多的白色来调整画面的明度，加白粉太多画面易粉气。浅色部分可直接利用色彩自身的明度，或用浅色相的颜色加以调和，颜色尽量一步到位，避免重复，要轻薄透气。同样的道理，尽可能避免用纯黑来降低画面的色调，可以将深红、深褐、深蓝、深绿等带有色彩倾向的重色混合运用来表现画面的暗部。水粉技法中应注意暗部色彩最好一步完成，反复涂抹容易使暗部色彩失去透气感，使画面的暗部色彩变脏（如图5-20）。

2. 水粉表现技法

水粉表现图的上色一般是先用低温色涂刷出画面的基本色调，其中不要掺入过多的白色，因为白色易反色，使画面显得较灰。上色时要注意，每画一遍颜色往往会将前一遍颜色覆盖住，因此所画次数不能太多。

水粉画由于表现力强，工具和材料简便，因此是产品表现图中十分常见的表现方法。水粉画兼有水粉的淋漓轻快感和油画的层叠厚重感，可以干画，亦可湿画，可以透叠，亦可覆盖，技法运用的宽容度很大。

（1）湿画法。湿画法就是在颜色未干时趁湿进行两种颜色的衔接，对于表现光滑、细致的产品和变化微妙的体面关系极为适宜，也可用于铺陈远处的背景。在采用湿画法作画时，笔与笔之间的衔接柔和、自然，没有明显的笔触，不同的色块融合在一起，变化非常细腻（如图5-21、图5-22）。

图5-21 水粉的产品表现

图5-22 水粉的汽车表现

（2）干画法。干画法是在前一笔颜色干了以后，根据物体的结构及颜色的变化将颜色覆盖着画上去，对表现产品结构的转折变化和产品细部的精确刻画非常适宜，能够使画面重点更为突出，层次鲜明，画面表现效果强烈（如图5-23）。

（3）高光画法。“高光”是绘画用语，指画面调子最亮的一个点，表现的是直接折射光源的部分，多见于质感比较光滑的产品外观，如玻璃器皿和精密仪器等。高光画法必须遵循受光的原理，不能随心所欲地制造高光，如果高光画得过多，位置不准确，会使整个画面变得很“花”。此外，画的时候应把表现重点放在外部轮廓以及面与面之间转折出的变化上，不要拘泥于细节（如图5-24）。

图5-23 水粉的产品表现

六、马克笔表现技法

图5-24 水粉的汽车表现

马克笔是一种用途广泛的工具，它的优越性在于使用方便，速干，可提高作画速度，已成为工业设计、室内设计、服装设计、建筑设计、舞台美术设计等各个设计领域必备的工具之一。马克笔能快速、简便地表现设计意图，笔触及色彩具有淡雅、明快的特征。由于马克笔笔头形状多为方形，所以用笔要干净、肯定、利落，争取一次画到位。由于马克笔颜色透明，故其覆盖力不强，往往需要笔触的叠加，但不应该过于反复，否则会导致笔触凌乱，使画面显得脏乱。马克笔在工业设计表现图方面具有得天独厚的优势，适合表现一些质感较强、色彩明快的材质，如塑料、金属和陶瓷等。因此，当前在工业设计领域，马克笔技法是快速表达的主要技法，在专业院校师生中非常普及（如图5-25 ~ 图5-29）。

（一）马克笔的种类及纸张

马克笔主要有水溶性马克笔、油性马克笔和酒精性马克笔。它的笔头较宽，笔尖可画细线，也可画粗线，类似于美工笔，通过线、面结合可达到理想的绘画效果。马克笔的优点是快干，行笔流利，可重叠涂画，可以覆盖于各种颜色之上，使之有光泽。

由于油性和水性马克笔的浸透情况不同，在作画时必须仔细了解笔的性质，相互照应，多加练习，才能得心应手。初学者准备的颜色笔不要太多，一般准备15支左右即可，主要以灰系列为主，如冷浅灰、中灰、深灰、黑、暖灰、绿灰、淡蓝、中黄、浅冷红、湖蓝、土黄、褐色、淡粉色等。为了防止马克笔绘制的效果图褪色，除了避免日光直晒外，必要时还可以用遮光剂遮盖。马克笔样式很多，依其性质的不同，在此仅介绍三种常用的马克笔。

图5-25 马克笔的产品表现

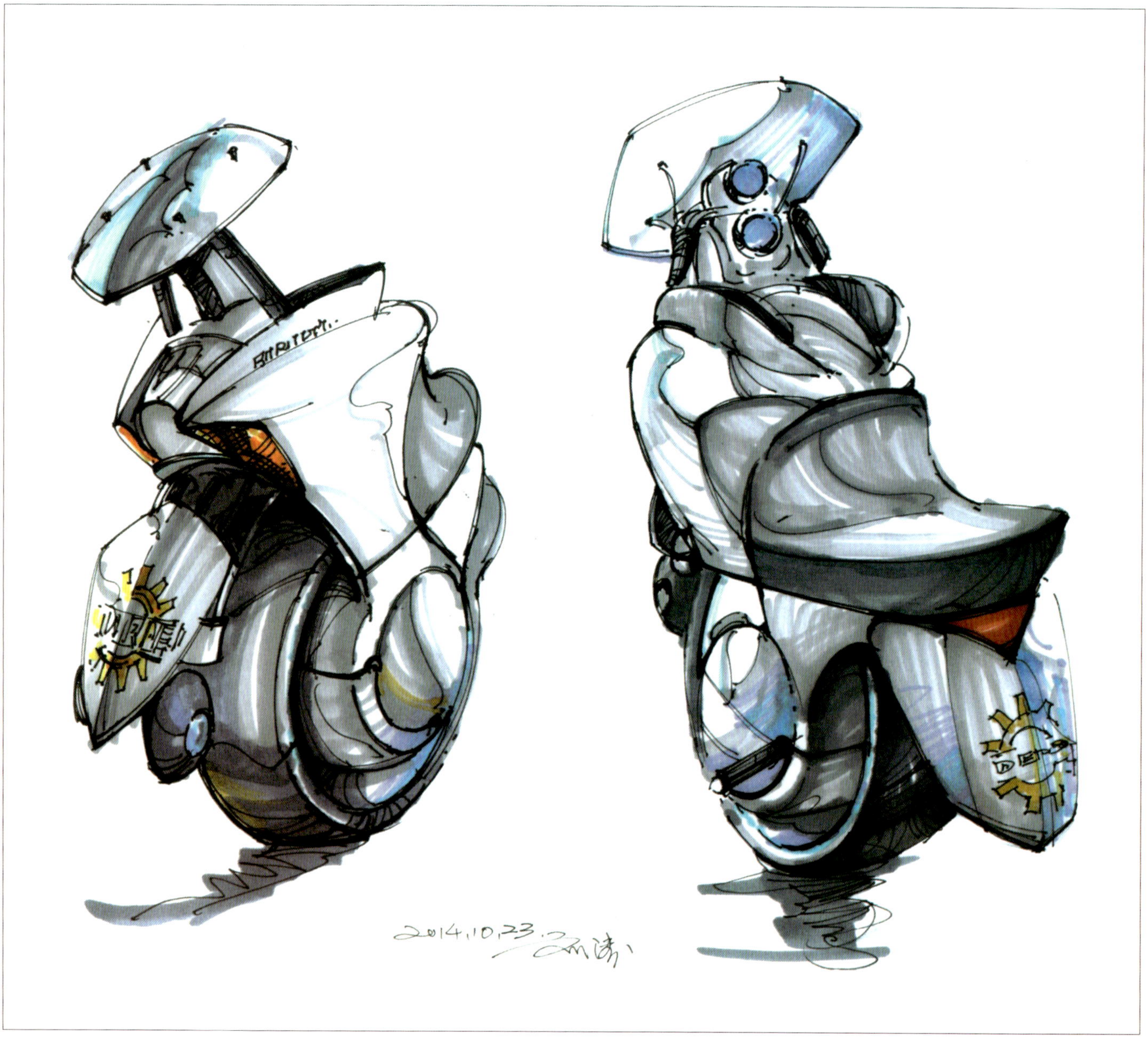

图5-26 马克笔的电动车表现

1. 油性笔

这种笔具有浸透性，挥发较快，通常以甲苯为溶剂，使用时动作要敏捷、准确。它使用范围很广，能在任何材质上使用，如玻璃、塑胶等表面都可以附着，具有广告颜色及印刷色效果。由于它不溶于水，可覆盖在任何材质的表面，因此可以用挥发油、甘油等做很多趣味性变化。由于它不亲水，所以可以与水性马克笔混合使用，而不破坏水性马克笔的痕迹。

2. 水性笔

这种笔没有浸透性，遇水即溶，绘画效果与水彩相同。笔尖形状有四方粗头、尖头，方头适用于画粗线条，尖头适用于画细线和细部刻画，但不适合大面积的绘图。

3. 酒精笔

这种笔具有挥发性，有强烈的气味，颜色艳丽，浸透性介于水性笔和油性笔之间，适合大面积的涂色。

4. 马克笔用纸

马克笔用纸可分为以下三类。

（1）浸透性纸（浸透率100%），如水彩纸、卡纸、道林纸、粉彩纸、素描纸、绵纸、草图纸、感光纸等。

（2）半浸透性纸（浸透率50%），如白玉纸、马克笔专业纸等。

（3）非浸透性材料（浸透率0），如透明胶片、画布、画板、描图纸、塑胶面板、瓷砖等。

图5-27 马克笔的家具表现

（二）马克笔的基础技法

1. 平涂法

平涂是马克笔画法最基本的笔法之一，最容易表现塑胶、电镀、玻璃等材料。但徒手平涂最容易留下过于明显的接触笔触，通常运用较浅色的马克笔重复平涂，使笔触晕开，痕迹减弱。

绘图时应仔细留意产品表面上的光线变化，如有反光、投影要用适当的笔触加以表现。多次平涂会使颜色更深（水性马克尤为明显），有不同的适当笔触，才不会使画面呆板失真。对于不同材质应用不同的表现方法，有些需要留下笔触，有些则最好减弱笔触。原则是笔触不要过碎，不然会显得杂乱无章。琐碎的笔触会破坏画面的完整性，尤其是在画反光面时，更容易出现笔触琐碎的情况。笔触必须一气呵成，贯穿始终，有头有尾很重要，要避免因犹豫不决而产生顿挫、重复中断、轻重不一的现象。同时要注意如果纸张过薄，纸面易起毛，会影响画面效果。

2. 渐变法

市面上的马克笔无论是冷灰、暖灰还是其他颜色，都是按照色阶渐层变化出产的，使得设计师在绘制精细效果图时更容易掌握明暗的变化。尤其是在绘制圆柱体类、曲面体类的造型时，渐层色的优点更是显现无遗。冷灰系列的颜色略带点蓝色调，最容易体现不锈钢及电镀表面处理的材料；而暖灰系列的颜色则略带有黄色调。在表现产品材质时要注意冷灰和暖灰两种系列笔的选择。

图5-28 马克笔的家具表现

（三）马克笔的两种表现形式

马克笔表现具有快干、不需要用水调和、着色简便、绘制速度快等特点，具有较强的时代感和艺术表现力，常用于快速表现图中。马克笔的笔头是毡制的，有独特的笔触效果，在作画时要充分利用其干净利落的特点。马克笔色彩透明，种类繁多，通过色彩的叠加可以取得丰富的色彩变化，其基本的表现方法有以下两种。

（1）一种是在不溶水的钢笔墨线稿的基础上，直接用马克笔上色。由于马克笔绘出的色彩不便于修改，着色过程中需要注意着色的规律，一般先着浅色，后着深色。

（2）另一种是与其他色彩工具相结合，比如马克笔与彩色铅笔结合，与水彩、水粉结合，混合使用，交替进行，都是行之有效的表现手段。

七、综合表现技法

（一）综合表现技法的定义

所谓综合表现技法就是不确定某个特定的技法，而是根据产品设计中不同的材料、形态特点选择相宜的表现工具和技法，目的是更完美地表达产品设计的创作意图。

图5-29 马克笔的家具表现

综合表现技法在实际的设计中运用非常广泛。事实上，我们在表现产品的效果时应该根据不同的产品形态和色彩结构运用不同的表现方法，而不是一概而论地运用某一种方法去表现。综合性的描绘与表现需要有一定的主题内容，要理解什么样的表现技法相结合适合什么样的产品表现，有的对于某个产品的表现非常好，但可能对另外一种产品就不适合。所以，通过一定的课题的训练，可以帮助学生更好地理解和掌握综合技法。

（二）综合表现技法的训练及步骤

综合表现技法顾名思义就是各类技法的综合使用，它建立在对各种技法的深入了解和熟练掌握的基础上，其具体运用及各种技法的结合与衔接可根据画面内容和效果以及个人喜好和熟练程度来决定。比如，有些人习惯在水彩渲染的基础上，用水溶性彩色铅笔进行细致、深入的刻画，在高光、反光和个别需要提高明度的地方，采用水粉加以表现。利用各自颜料的性能特点和优势，能使画面效果更加丰富、完美。但“画无定式”，具体选用哪种表现方法，还是要视自己对各种技法的掌握程度来定。

（1）在设计构思成熟后，用铅笔起稿，把产品的每一部分结构都勾画出来。

（2）在用黑勾线笔描绘前，要清楚准备把哪一部分作为重点表现，然后从这一部分着手刻画，同时把产品的受光、暗部、质感表现出来。注意大的结构线可以借助于工具，小的结构线尽量直接勾画，特别是产品的局部，这样可以避免画面呆板。

（3）视觉重心刻画完后，开始拉伸空间，虚化远景及其他位置。完成后，调整画面的线和面，打破画面生硬的感觉。

（4）先考虑画面的整体色调，再考虑局部色彩对比和细部笔触的变化，做到心中有数再动手。与黑白稿一样，先从视觉重心着手，注意产品的质感与光影表现。尽量不要平涂，要由浅到深，注意虚实变化，不让色彩渗出物体轮廓线。

（5）调整画面的平衡度和疏密关系，注意把环境色考虑进去，进一步加强因着色而模糊的结构线，用修正液修改错误的结构线和渗出轮廓线的色彩，同时提亮产品的高光点和光源的发光点（如图5-30 ~ 图5-33）。

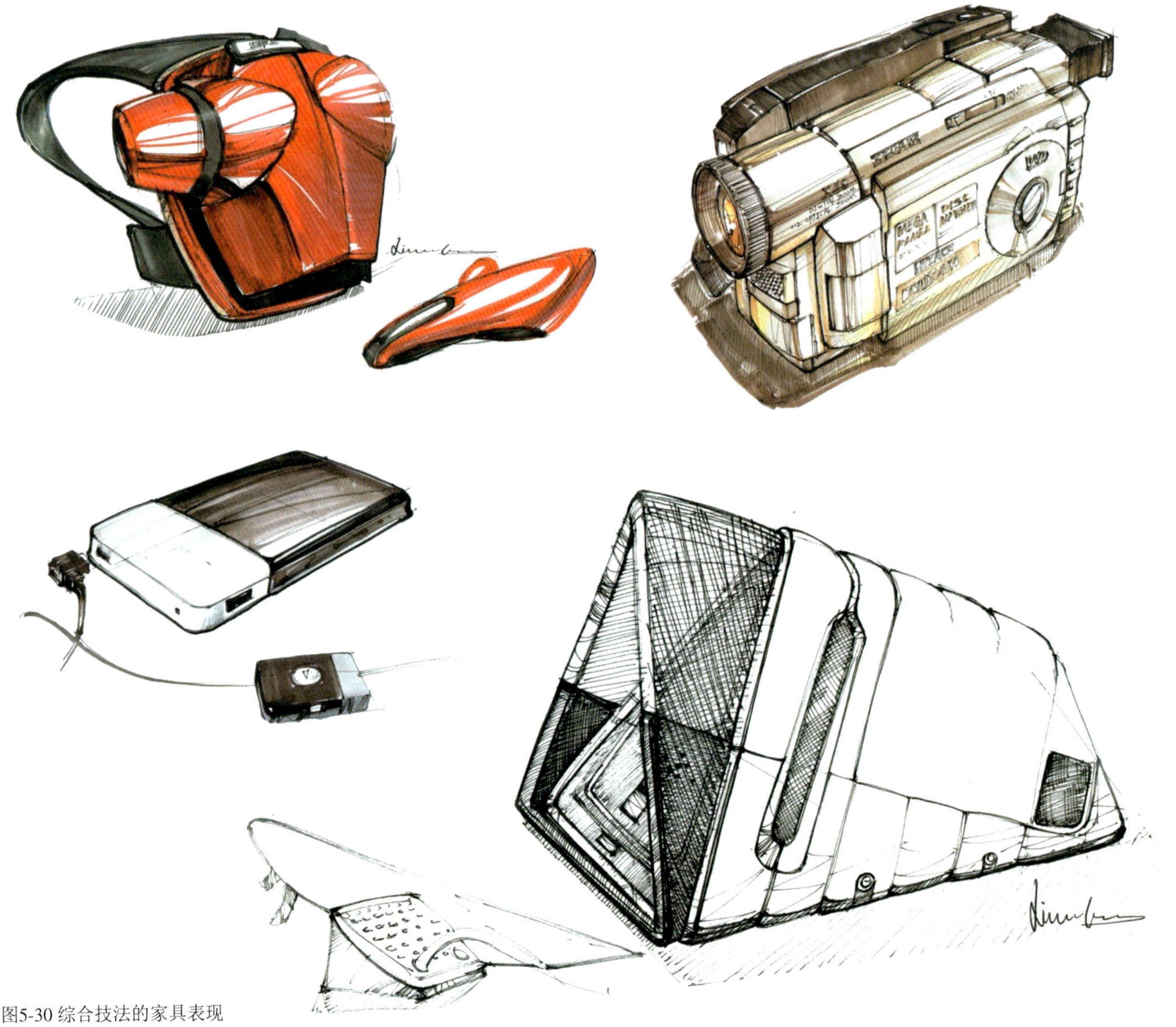

图5-30 综合技法的家具表现

图5-31 综合技法的家具表现

图5-32 综合技法的家具表现

图5-33 综合技法的家具表现

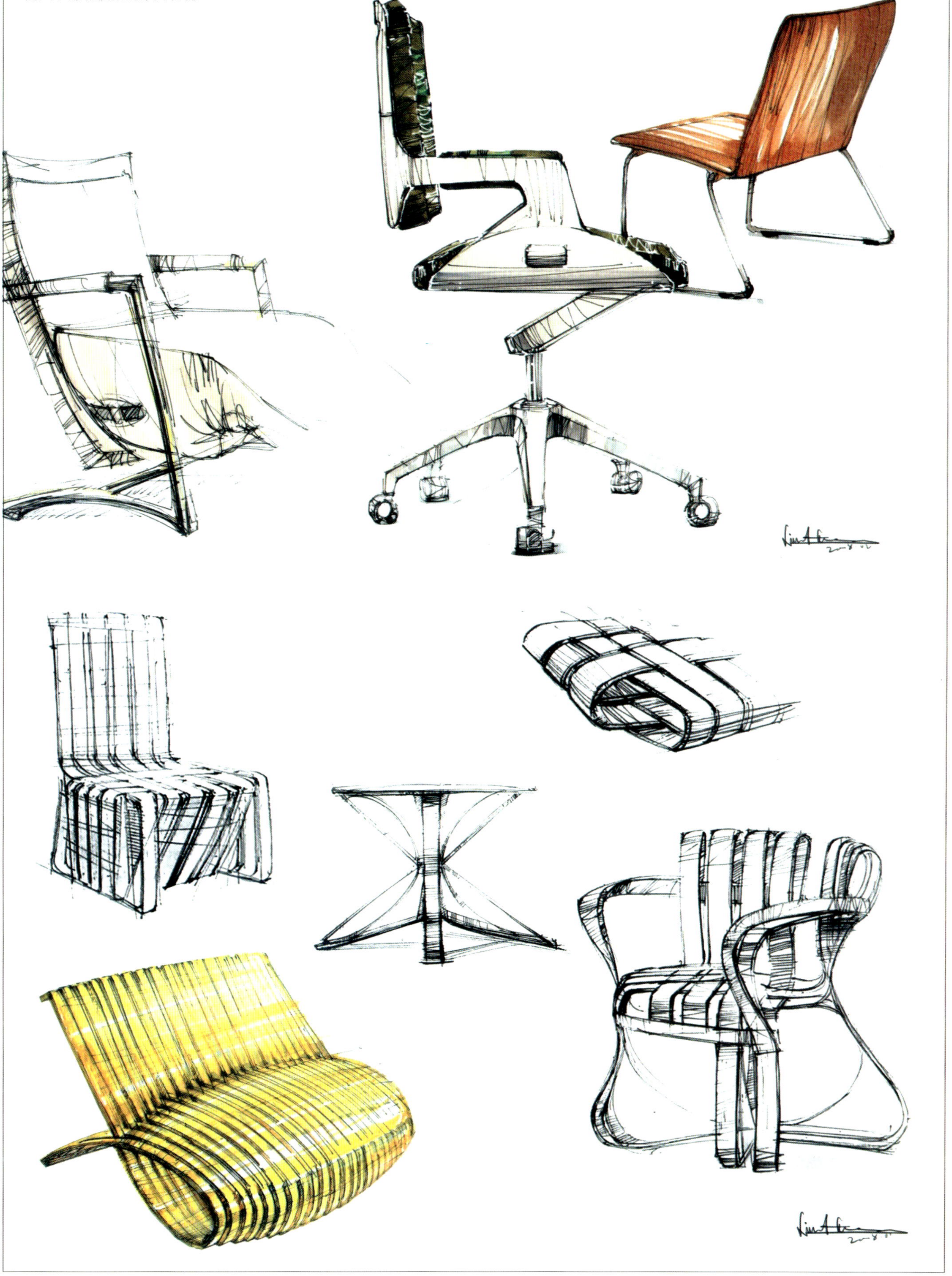

八、喷绘表现技法

1. 喷绘的特点

喷绘是计算机辅助设计出现之前绘制产品效果图常用的技法，基本原理是通过气泵将喷罐中的颜色通过喷嘴喷到画面上，通过手动调节控制钮掌握颜色的浓淡变化，以取得非常逼真的效果。在20世纪90年代前后，喷绘因其细腻、逼真的表现效果，成为当时展示性效果图的首选方法。但喷绘与其他画法相比费时长且成本高，所以在计算机辅助设计出现以后，逐步被其所取代。

2. 喷绘技法介绍

任何一种表现技法都有着独特的表现魅力，喷绘的表现魅力就在于细腻的层次过渡和微妙的色彩变化。喷绘技法需要掌握一定的步骤，才能达到理想的效果。

（1）喷绘前将完成好的底稿拓印到事先裱好的正稿纸上，拓印的线条不要过重，纸面要保持干净整洁。

（2）用较大的笔触画出物体的基本色调及明暗关系，不要做过细的色彩过渡处理。

（3）把需要喷绘的地方分解成独立的基本形，用遮挡膜贴好或用透明胶片制成活动的挡片。喷绘时要压好压实，以免脱落。喷绘时要调节好出气口的大小，手的上下左右摆动要均匀一致，明暗过渡的地方要仔细把握，以保证过渡柔和。

（4）画面的高光部分可以事先留出来，也可以用白粉提亮。要注意高光部分也要有层次和虚实的变化。

图5-34 电脑加喷绘的汽车表现

第六章 工业产品设计表现实例赏析

图6-1 家具系列表现图

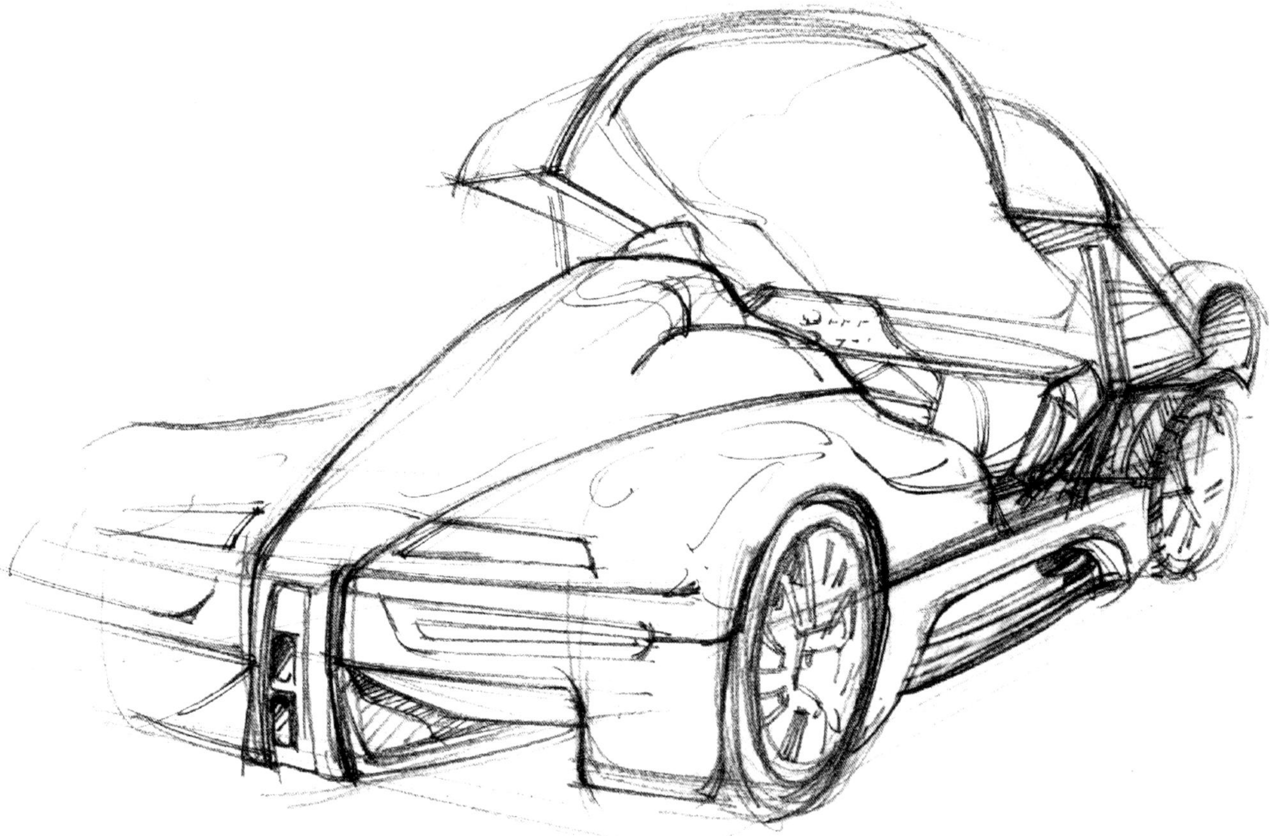

图6-2-a 跑车表现步骤一

图6-2-b 跑车表现步骤二

图6-2-c 跑车表现步骤三

图6-2-d 跑车表现步骤四

图6-2-e 跑车表现步骤五

图6-2-f 跑车表现步骤六

图6-3-a 跑车表现步骤一

图6-3-b 跑车表现步骤二

图6-4-a 跑车表现步骤一

图6-4-b 跑车表现步骤二

图6-4-c 跑车表现步骤三

图6-5 跑车表现图

图6-6-a 跑车表现步骤一

图6-6-b 跑车表现步骤二

图6-7 跑车表现图

图6-8 跑车表现图

图6-9 跑车表现图

图6-10-a 摩托车表现步骤一

图6-10-b 摩托车表现步骤二

图6-10-c 摩托车表现步骤三

图6-11 跑车表现图

图6-12-a 摩托车表现步骤一

图6-12-b 摩托车表现步骤二

图6-13-a 越野车表现步骤一

图6-13-b 越野车表现步骤二

图6-14-a 皮卡车表现步骤一

图6-14-b 皮卡车表现步骤二

图6-15-a 越野车表现步骤一

图6-15-b 越野车表现步骤二

图6-15-c 越野车表现步骤三

图6-16-a 皮卡车表现步骤一

图6-16-b 皮卡车表现步骤二

图6-16-c 皮卡车表现步骤三

图6-16-d 皮卡车表现步骤四

图6-16-e 皮卡车表现步骤五

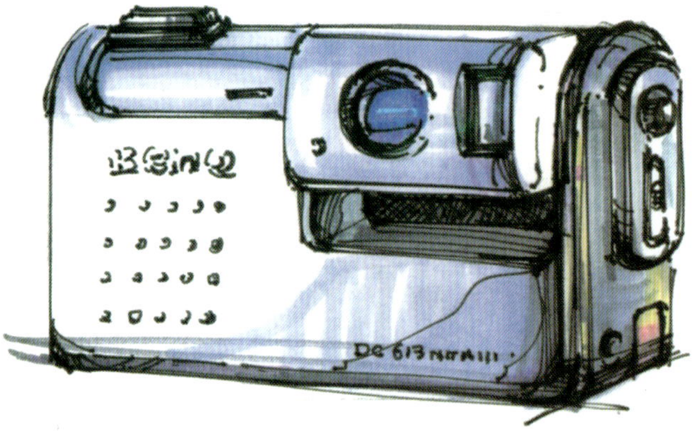

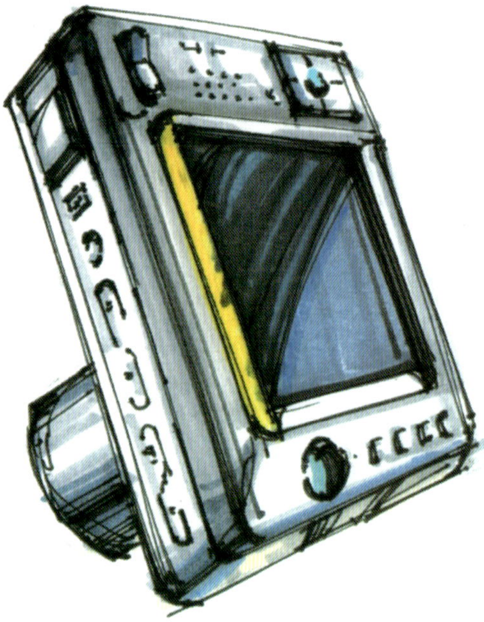

图6-17 小电器表现图

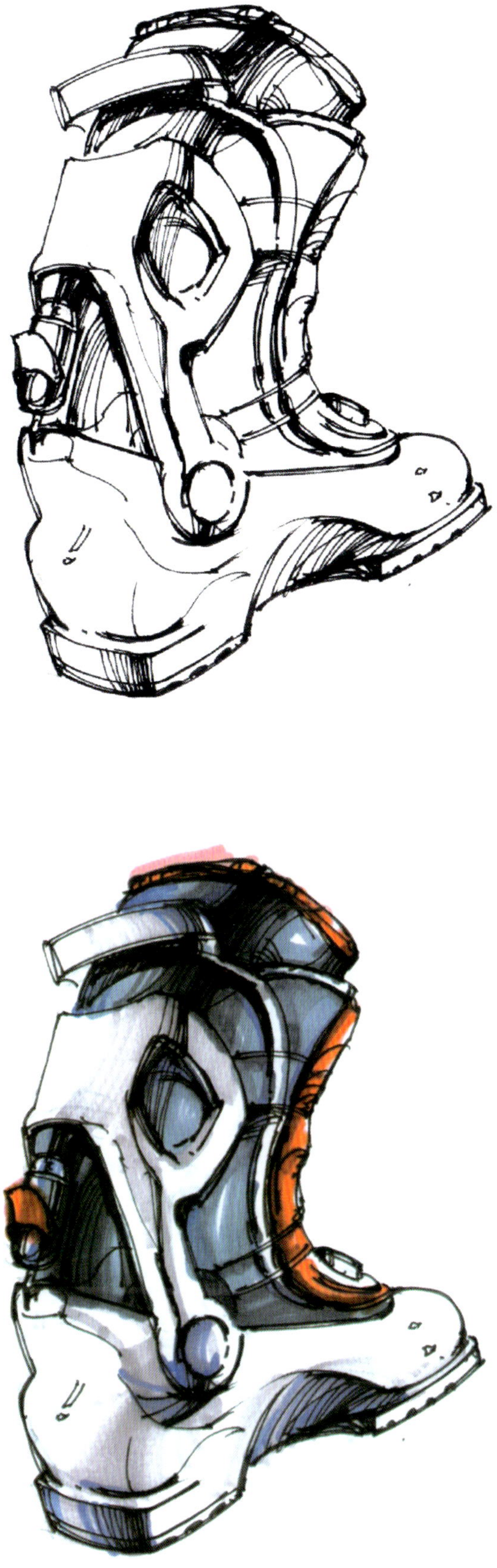

图6-18 雪地靴表现图

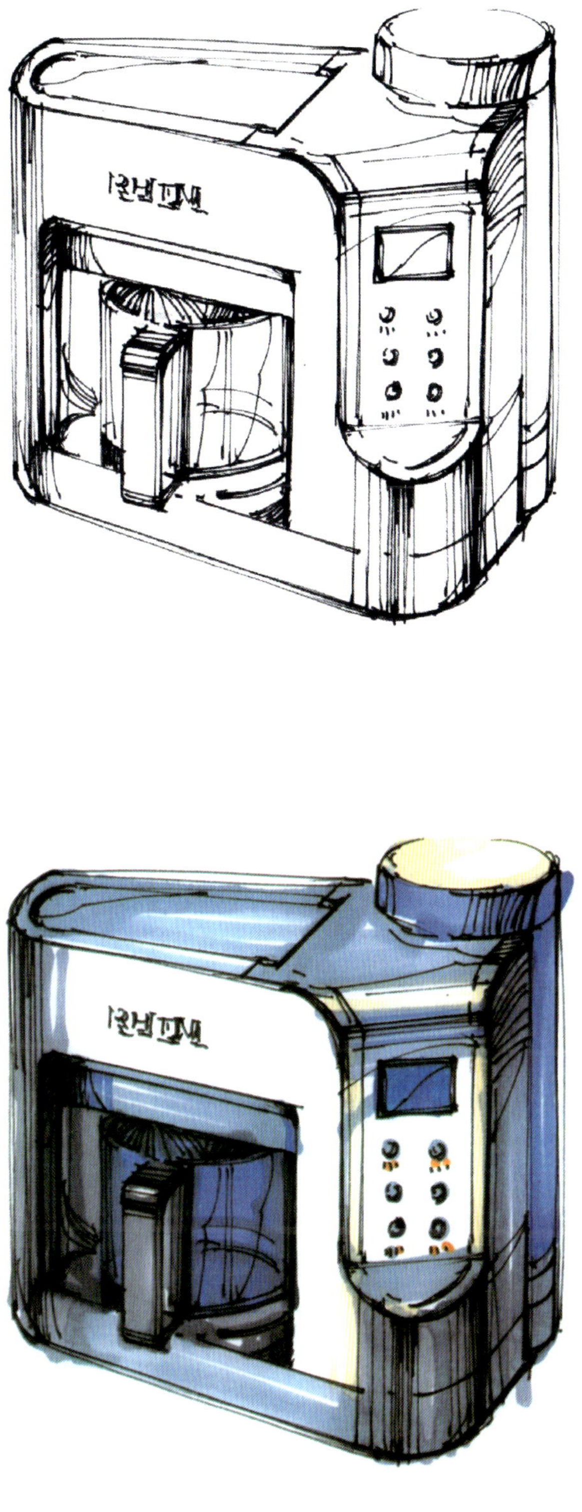

图6-19 加热器表现图

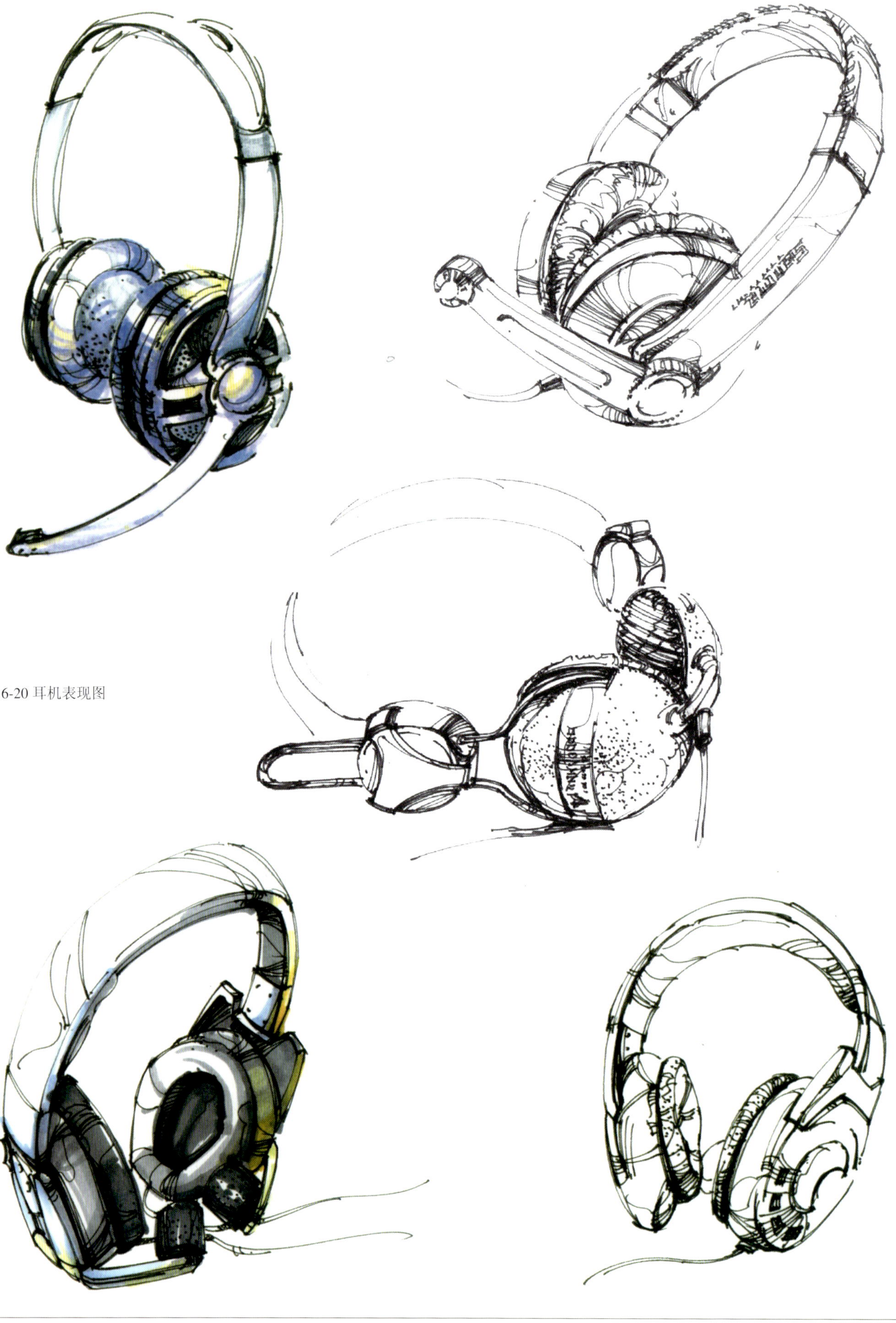

图6-20 耳机表现图

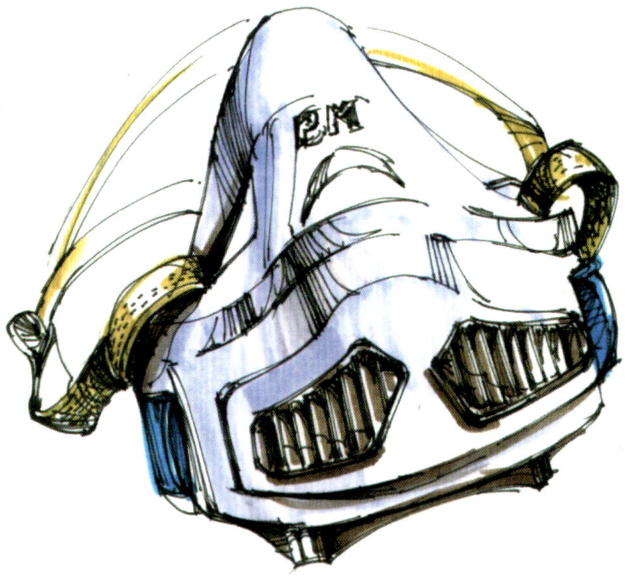

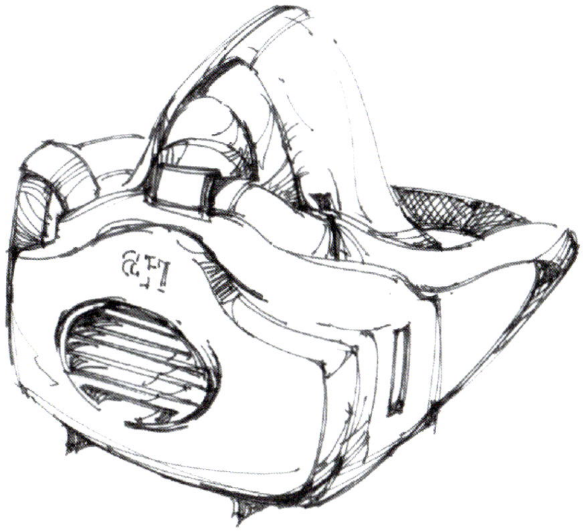

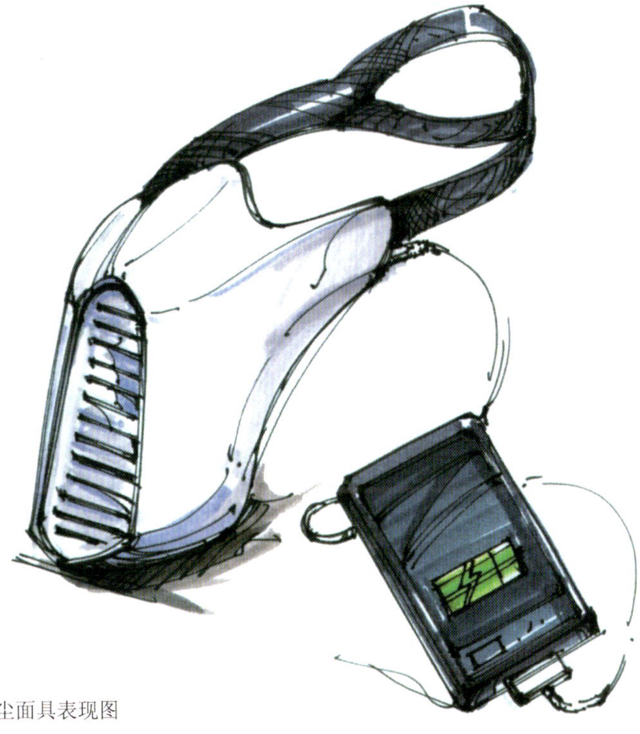

图6-21 防尘面具表现图

图6-22 小器件表现图

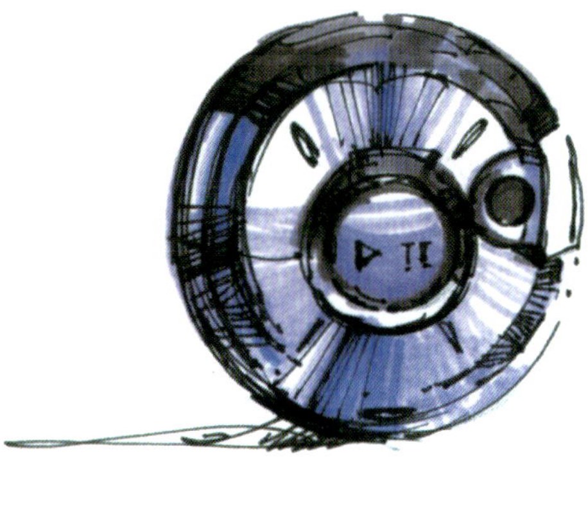

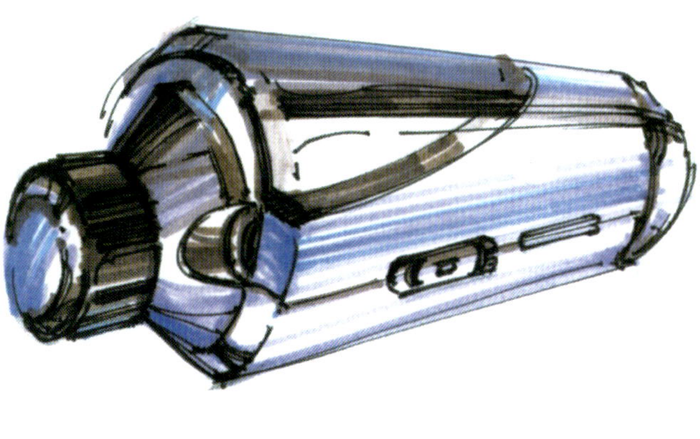

图6-23 小电器表现图

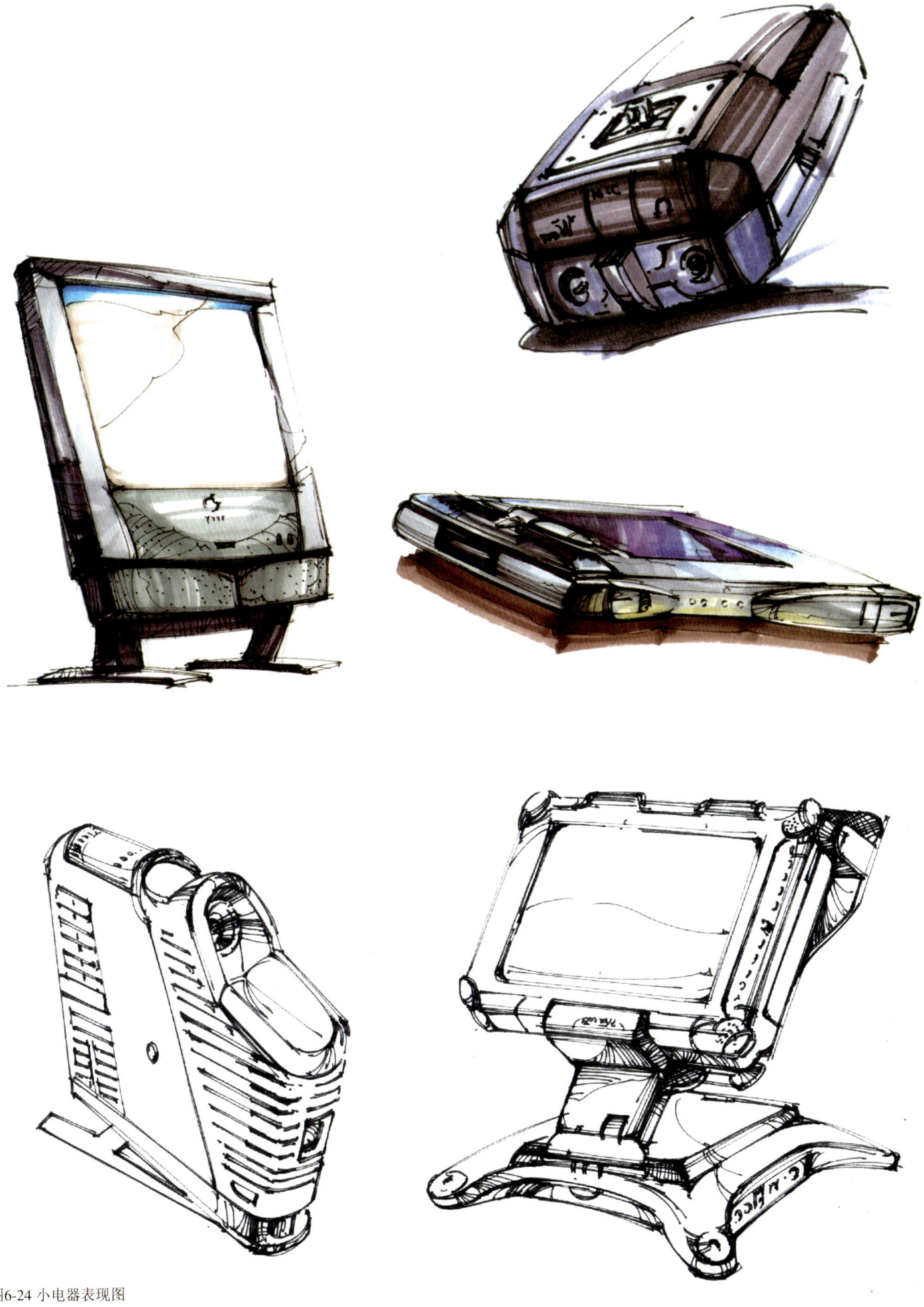

图6-24 小电器表现图

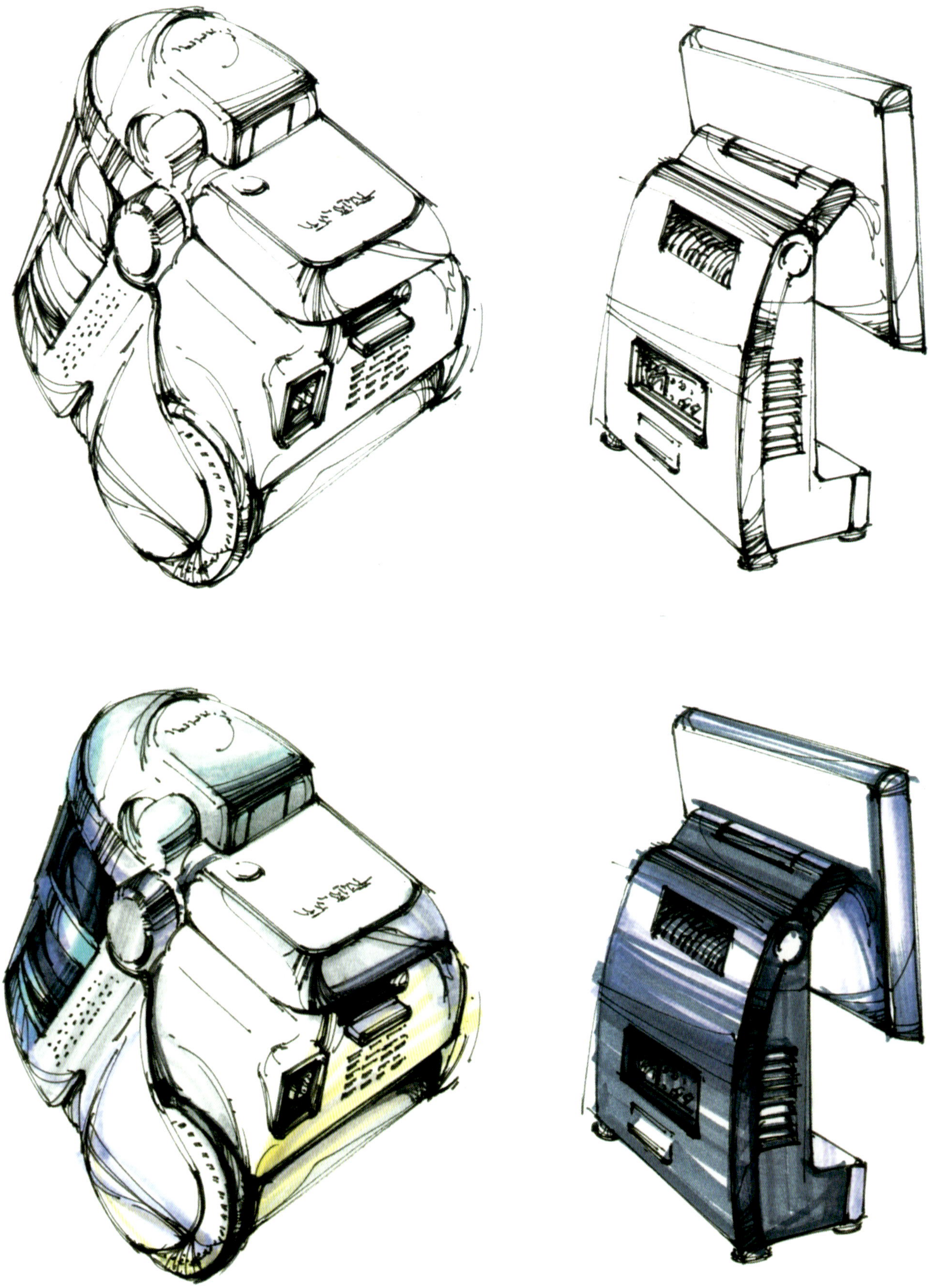

图6-25 小电器表现图

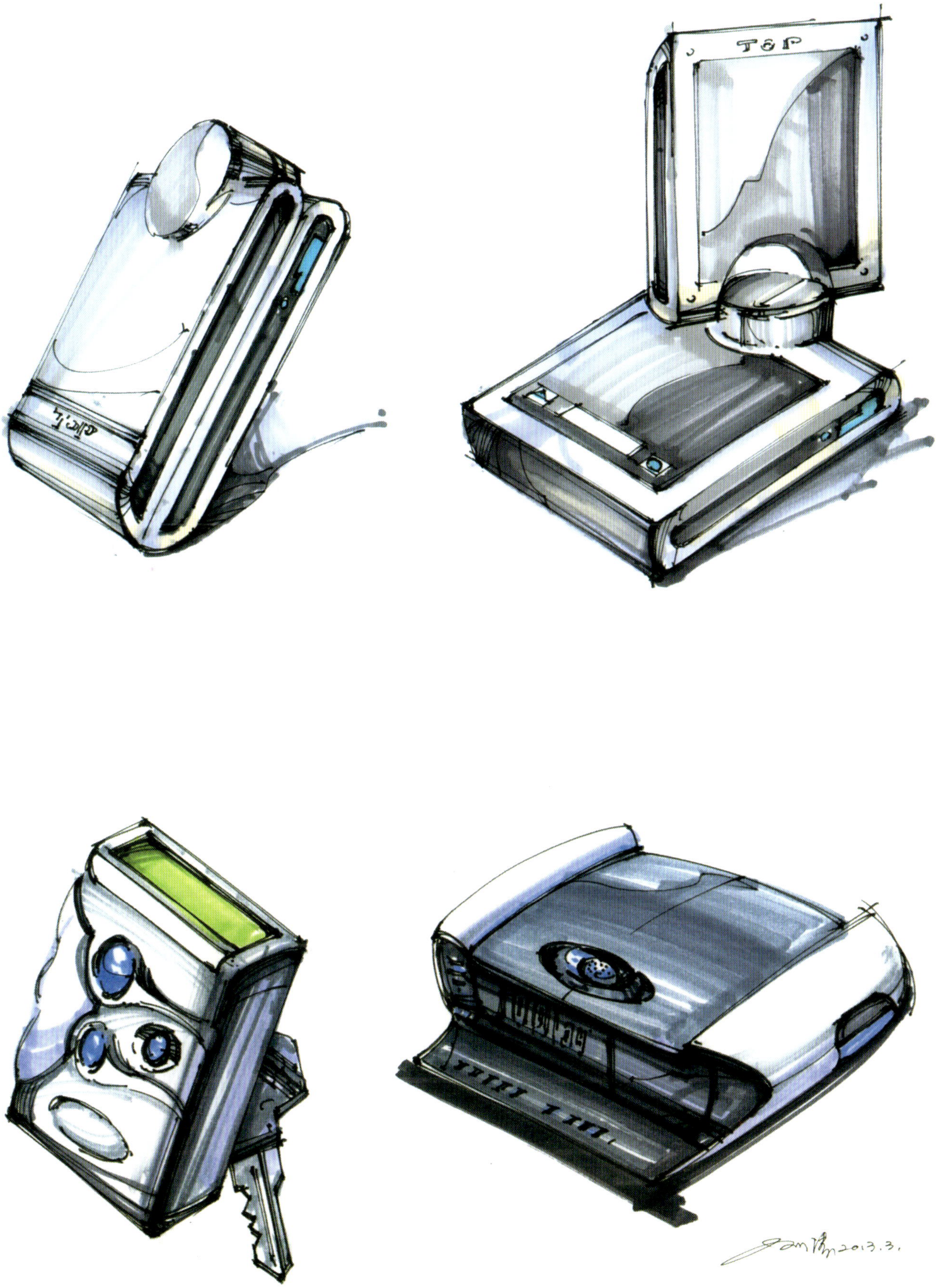

图6-26 小电器表现图

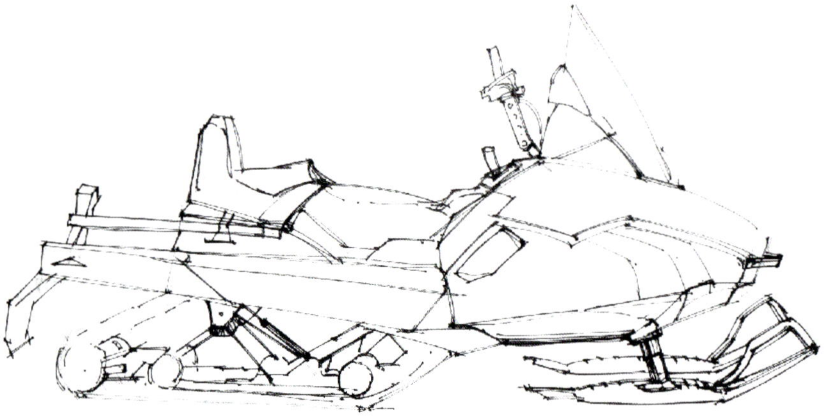

图6-27 雪地摩托车表现图

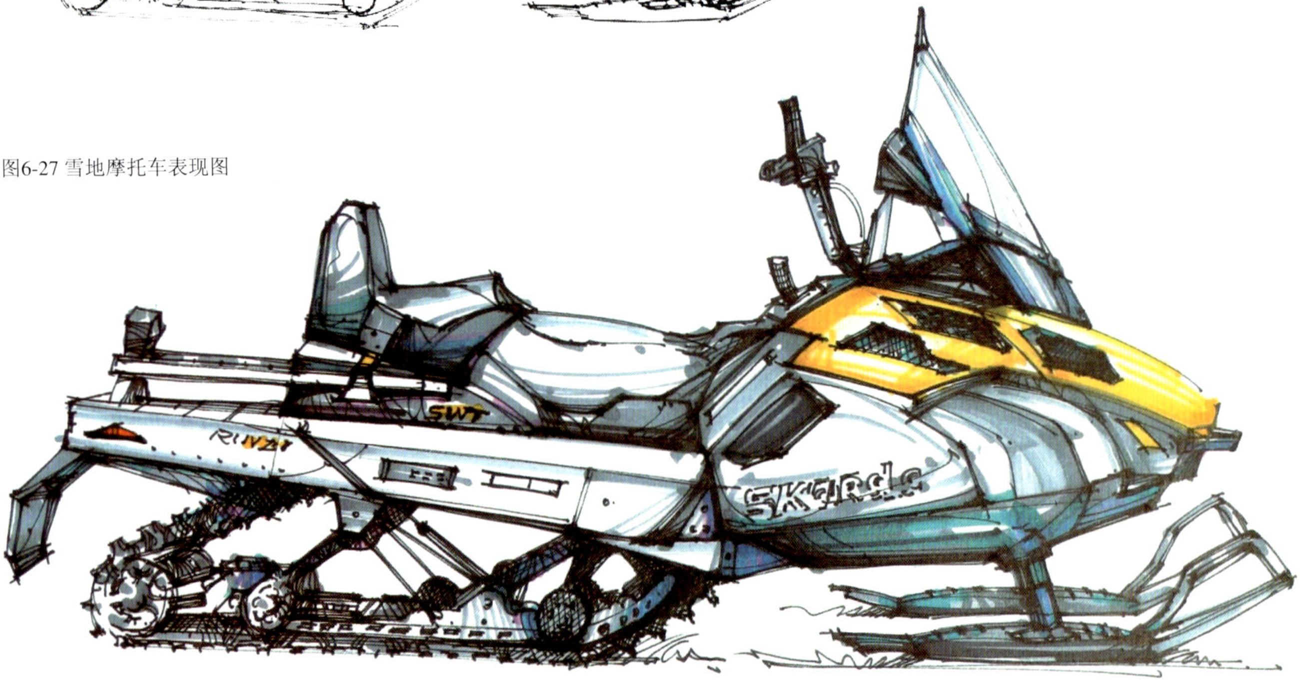

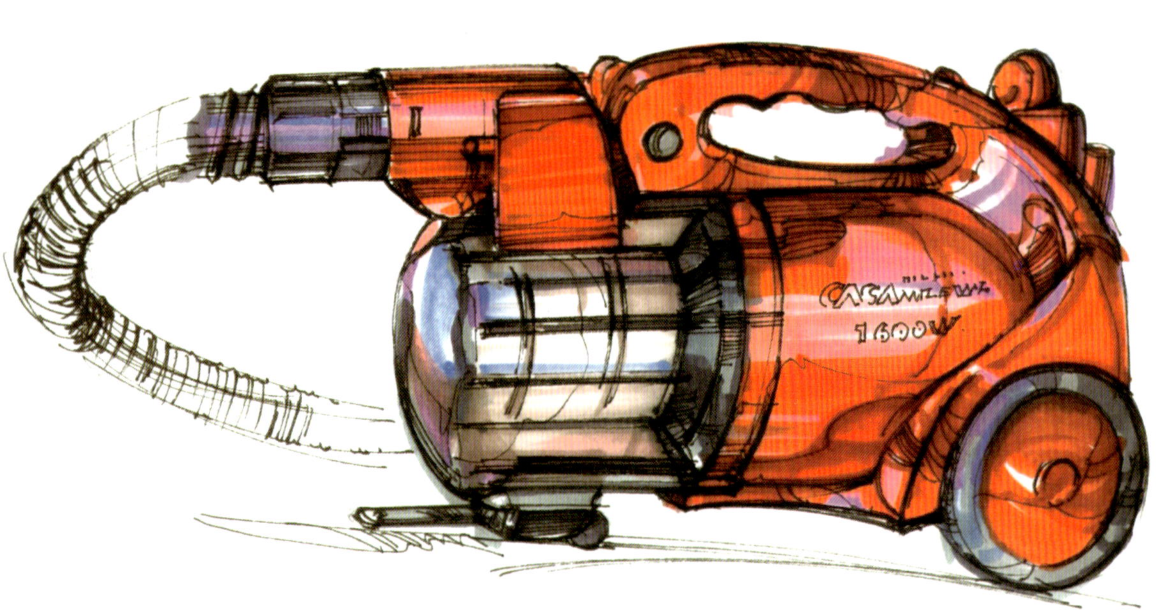

图6-28 吸尘器表现图

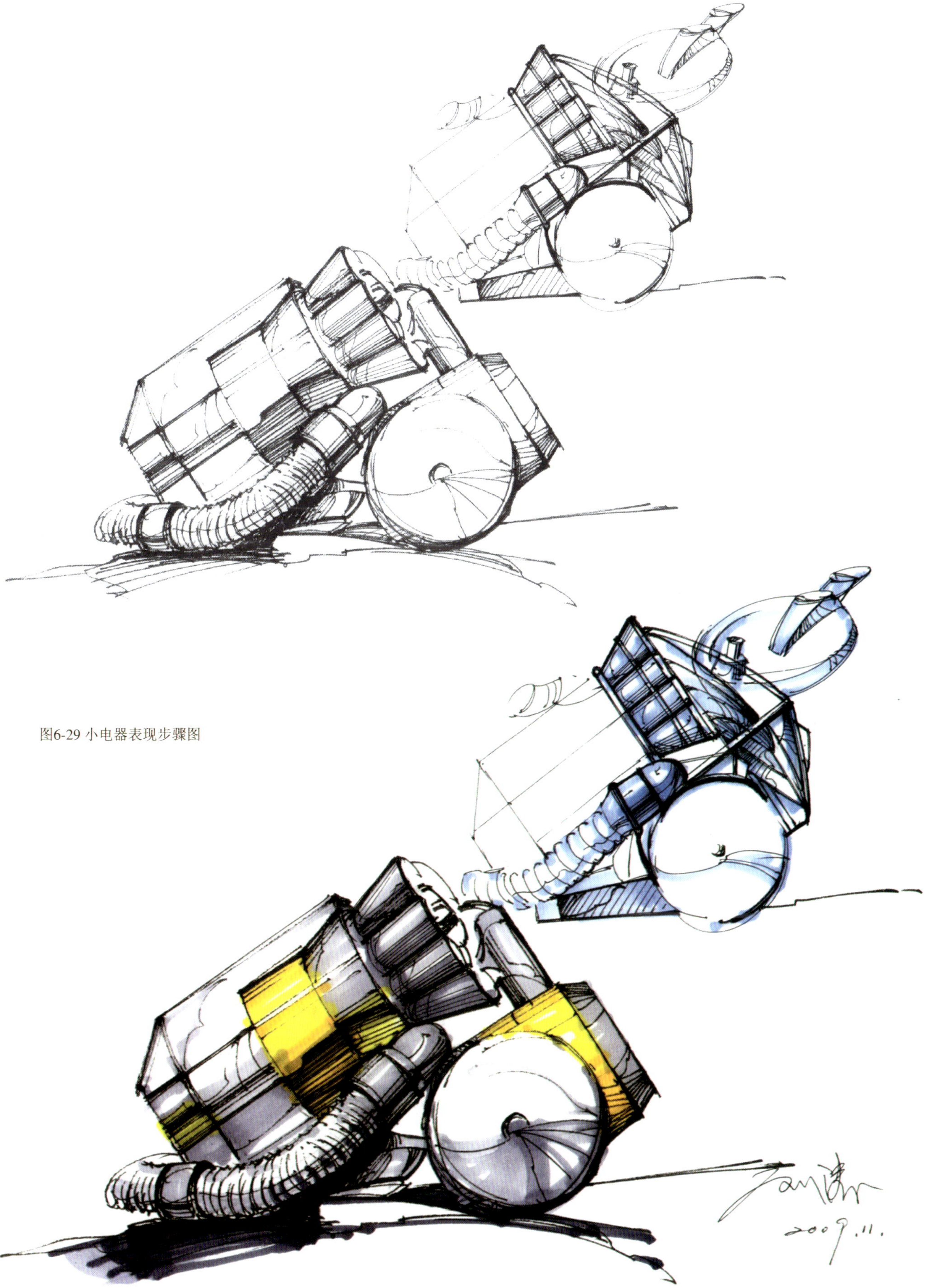

图6-29 小电器表现步骤图

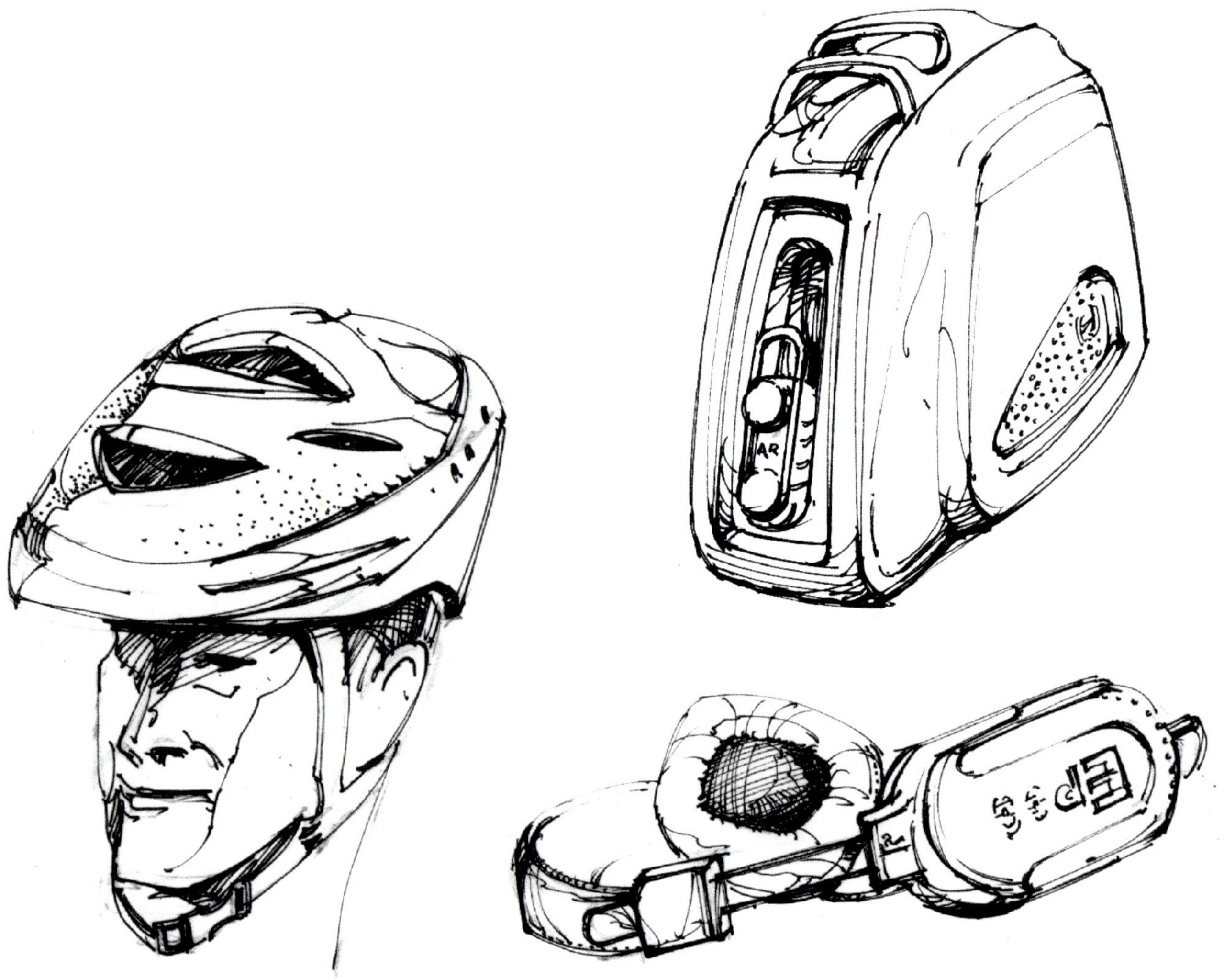

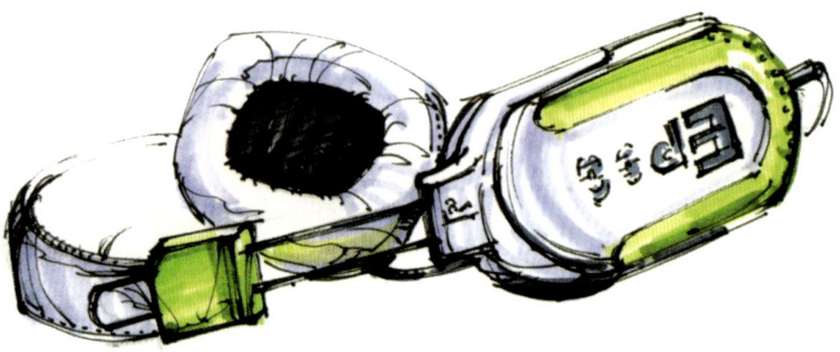

图6-30 小器件表现图

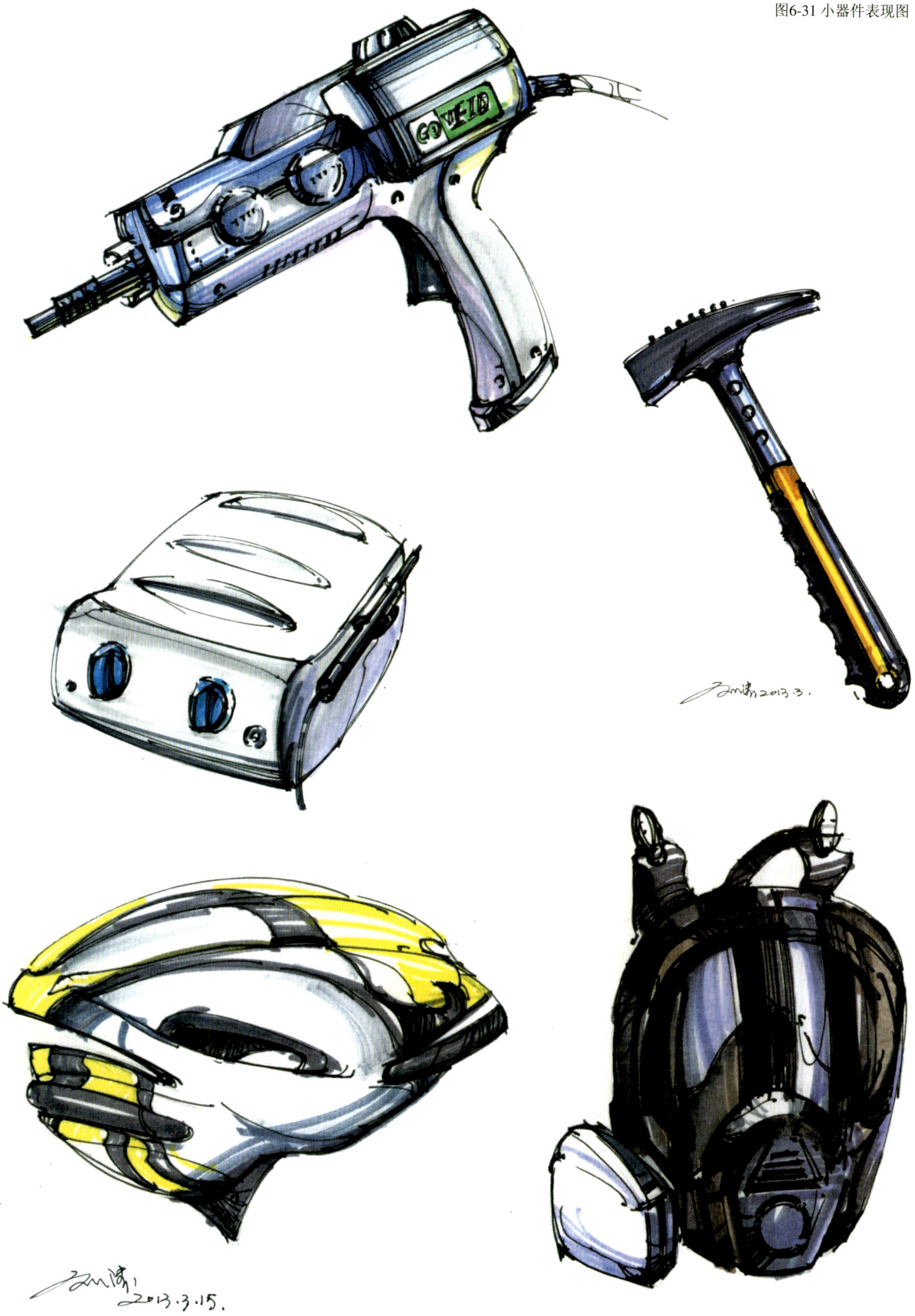

图6-31 小器件表现图

图6-32 小器件表现图

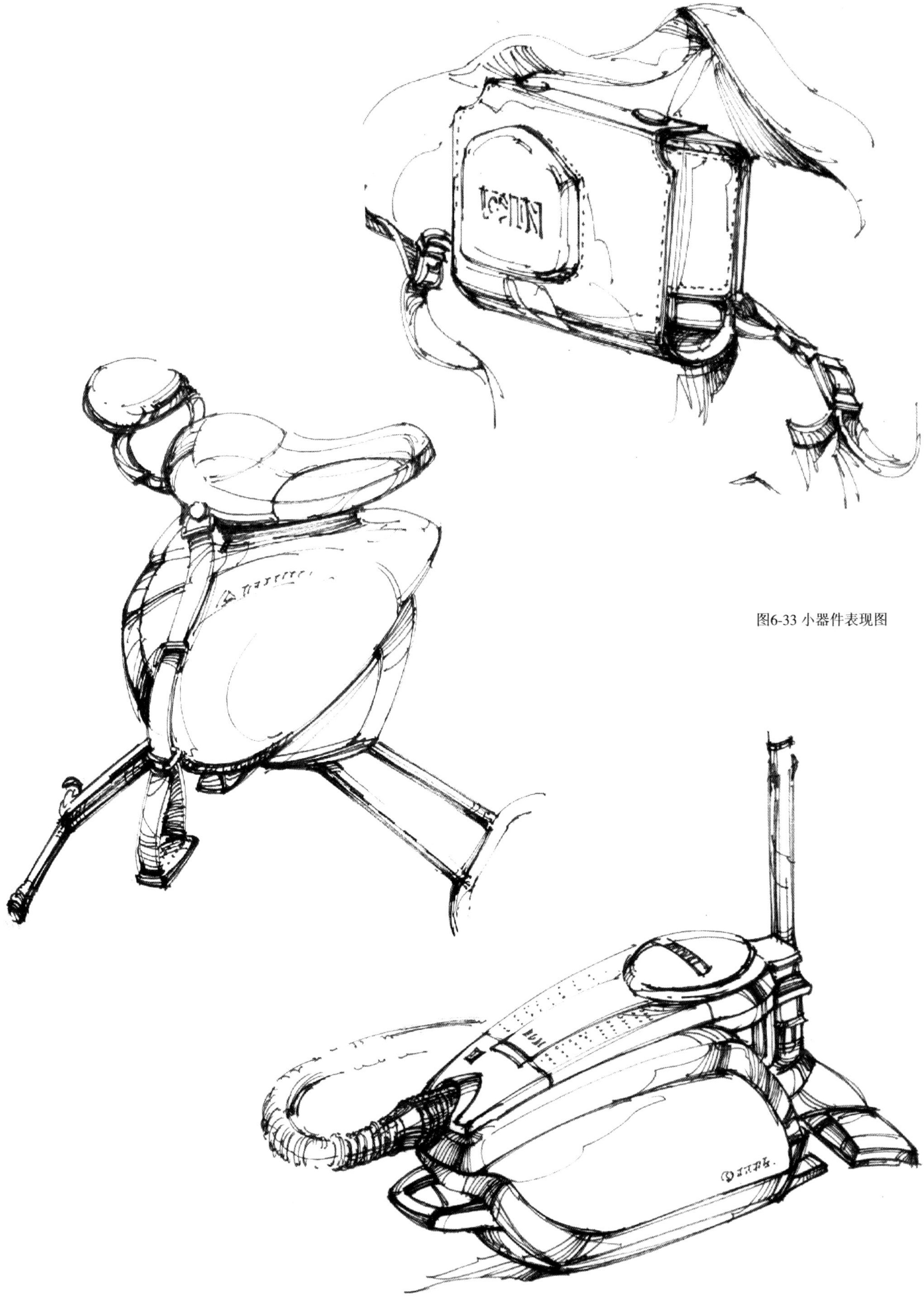

图6-33 小器件表现图

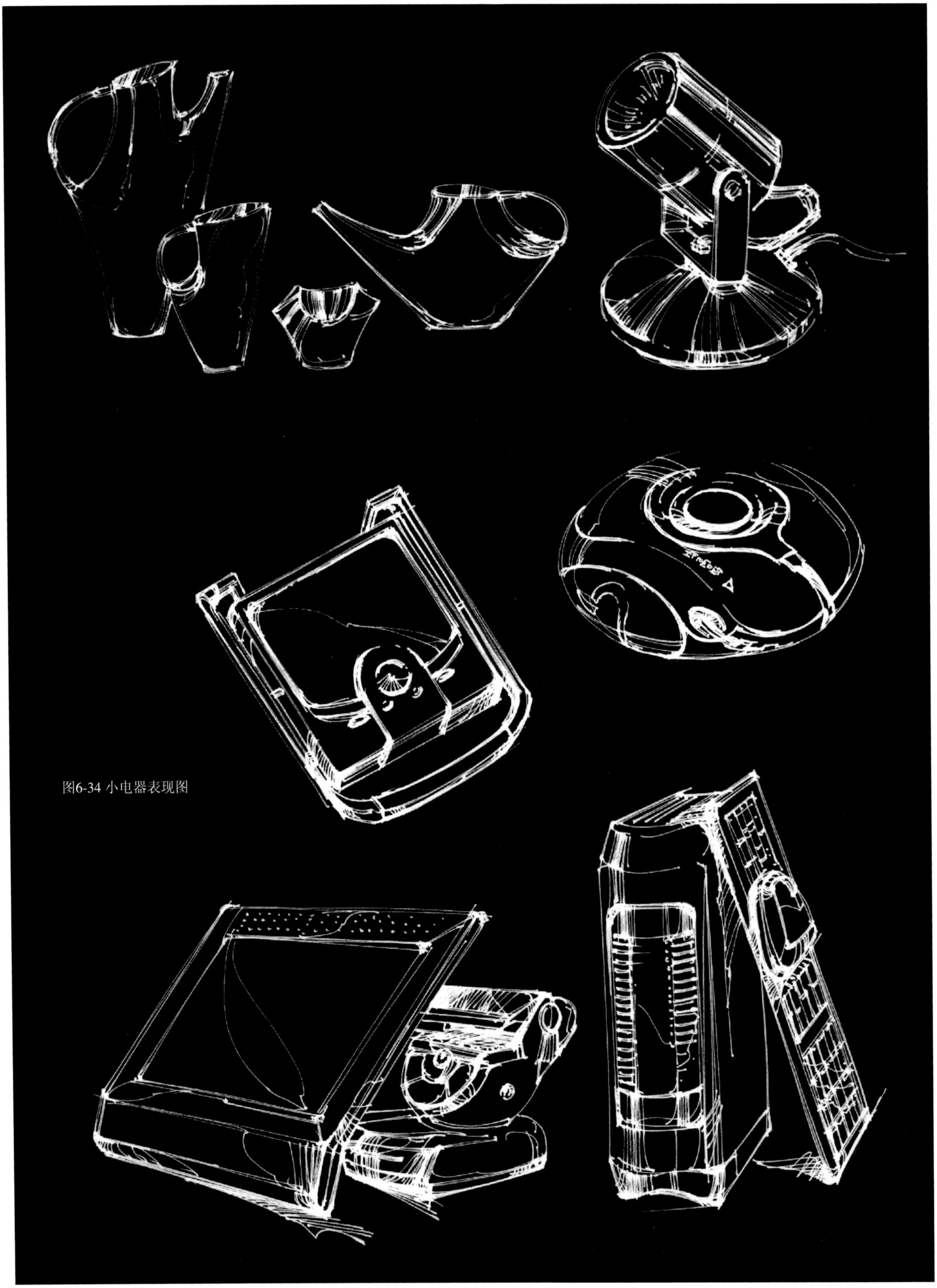

图6-34 小电器表现图

图6-35 汽车表现图

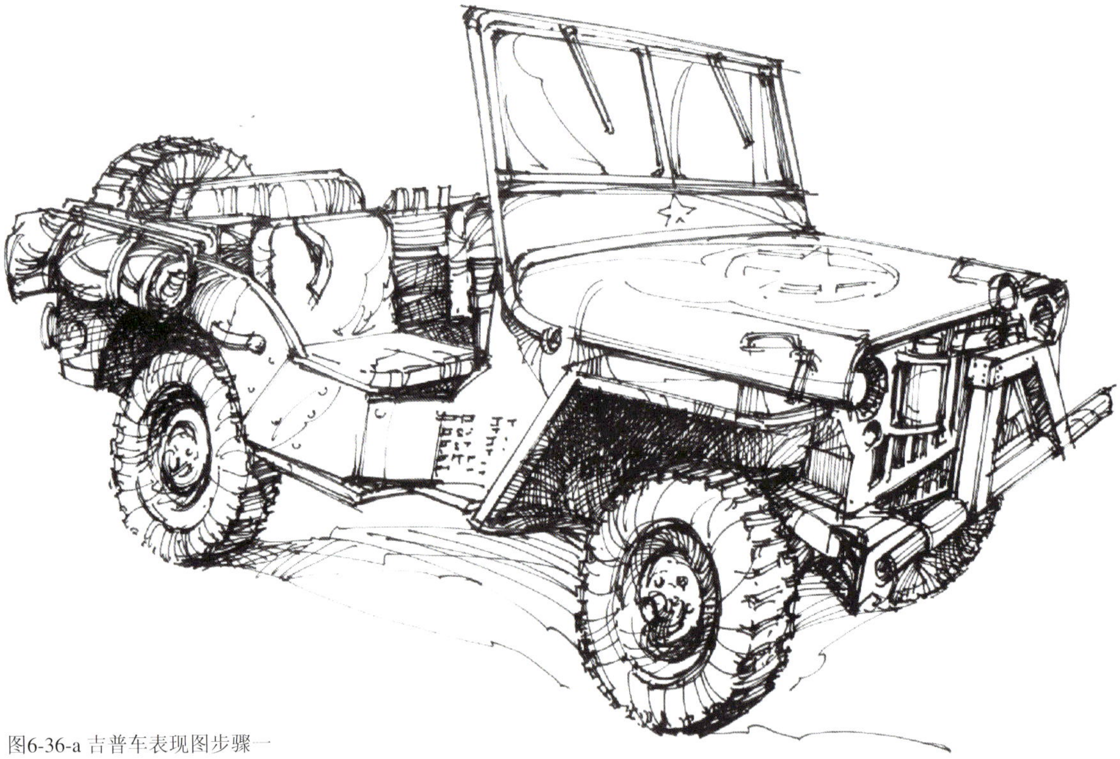

图6-36-a 吉普车表现图步骤一

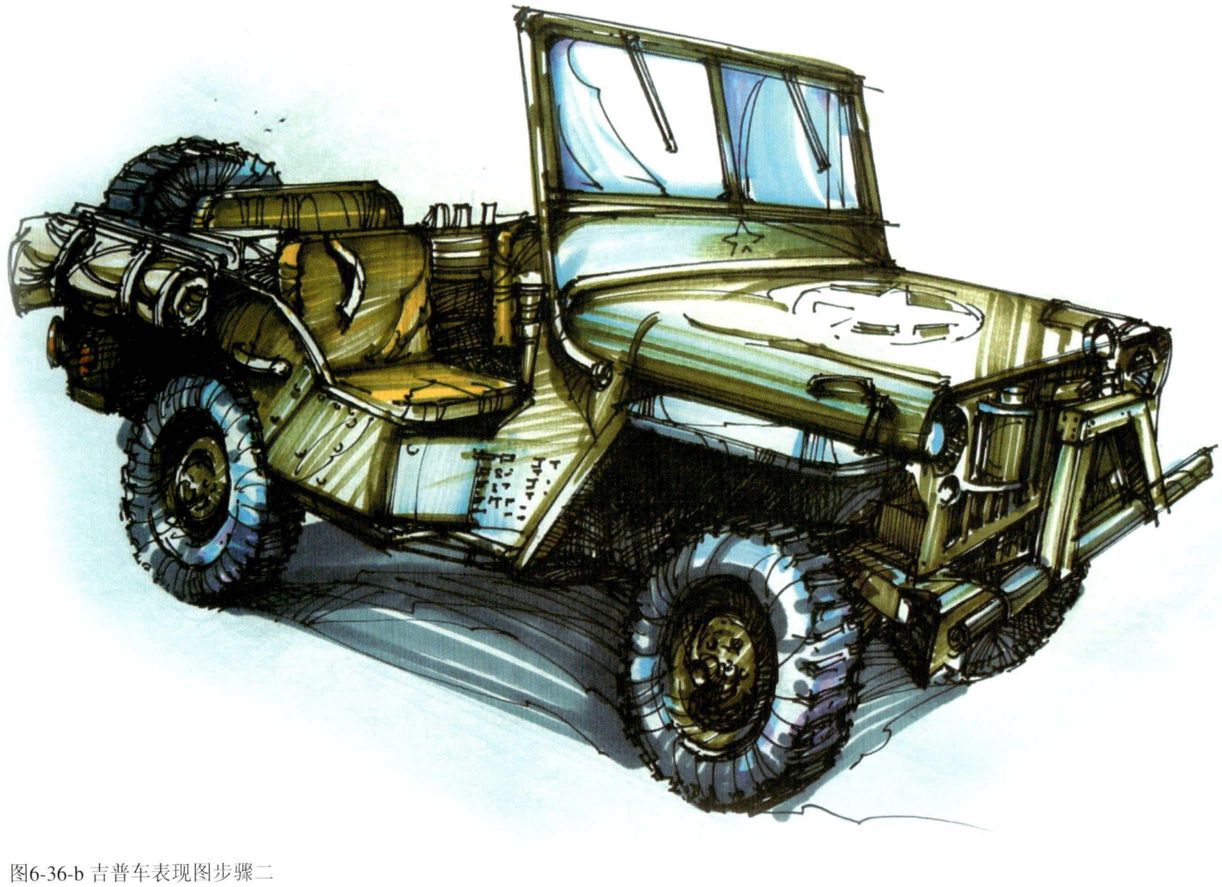

图6-36-b 吉普车表现图步骤二

图6-37-a 越野车表现图步骤一

图6-37-b 越野车表现图步骤二

图6-38 汽车表现图

图6-39 越野车表现步骤一、二

图6-40 汽车表现图

图6-41 越野车表现步骤三、四

图6-42-a 汽车表现图步骤一

图6-42-b 汽车表现图步骤二

图6-43-a 汽车表现图步骤一

图6-43-b 汽车表现图步骤二

图6-44 越野车表现步骤一、二

图6-45 越野车表现步骤三、四

图6-46-a 汽车表现图步骤一

图6-46-b 汽车表现图步骤二

图6-47 汽车表现图